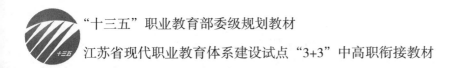

"十三五"职业教育部委级规划教材

江苏省现代职业教育体系建设试点"3+3"中高职衔接教材

服装立体裁剪

郑红霞　许　敏　庄立新　编著

中国纺织出版社

内 容 提 要

本书是中高等职业院校服装设计与工艺、服装与服饰设计专业教学的教材。全书由六个项目组成，项目一是服装立体裁剪基本知识，介绍了服装立体裁剪的起源、立裁的常用工具以及服装立体裁剪的材料选择与整理方法；项目二介绍了女装原型上衣、原型裙以及原型省道变化的立体裁剪方法和步骤；项目三的女装上衣的立体裁剪、项目四的半截裙的立体裁剪和项目五的连衣裙的立体裁剪，通过对上衣和裙款式变化的立体裁剪进行分析和操作，掌握不同造型的款式分析和立体裁剪手法，提高学生的思维能力和对结构设计的应变能力。项目六介绍了礼服的立体裁剪与欣赏，对服装整体效果的把握有进一步的提高。

本书注重基本训练，依据中高职学生的特点，着重体现项目教学法，将所学的内容融入到各个操作步骤中。书中所用服装均为基本款，同时力求文字简洁易懂，由浅入深，由易到难，更加方便学生自主学习。通过学习可满足学生就业的基本要求。

本书适用于中高职院校服装专业教学，也可供服装从业人员参考学习。

图书在版编目（CIP）数据

服装立体裁剪/郑红霞，许敏，庄立新编著. —北京：中国纺织出版社，2017.6（2022.1重印）

"十三五"职业教育部委级规划教材　江苏省现代职业教育体系建设试点"3+3"中高职衔接教材

ISBN 978-7-5180-3532-8

Ⅰ．①服…　Ⅱ．①郑…　②许…　③庄…　Ⅲ．①服装量裁—中等专业学校—教材　Ⅳ．①TS941.631

中国版本图书馆CIP数据核字（2017）第086945号

责任编辑：宗　静　　特约编辑：曹昌虹　　责任校对：王花妮
责任设计：何　建　　责任印制：何　建

中国纺织出版社出版发行
地址：北京市朝阳区百子湾东里A407号楼　邮政编码：100124
销售电话：010－67004422　传真：010－87155801
http://www.c-textilep.com
E-mail: faxing@c-textilep.com
中国纺织出版社天猫旗舰店
官方微博http://weibo.com/2119887771
三河市宏盛印务有限公司印刷　各地新华书店经销
2017年6月第1版　2022年1月第3次印刷
开本：787×1092　1/16　印张：8
字数：71千字　定价：39.80元

前言

Preface

　　《国家中长期教育改革和发展规划纲要（2010~2020年）》提出，到2020年，形成适应经济发展方式转变和产业结构调整要求、体现终身教育理念、中等和高等职业教育协调发展的现代职业教育体系，满足人民群众接受职业教育的需求，满足经济社会对高素质劳动者和技能型人才的需要。因此，实现中等和高等职业教育协调发展是我国现代职业教育体系构建的战略目标。

　　目前，中职服装设计与工艺专业与高职服装与服饰设计专业教育的相互衔接和贯通越来越受到社会的广泛关注，实践也证明：通过中高职衔接，实行六年一贯制的培养，可以使服装技术技能人才的知识、能力、水平等综合素质得到大幅度的提升，为企业转型升级和经济社会发展提供有效人力资源支撑。

　　本系列教材为中职高职服装与服饰设计专业人才培养而编写，是江苏省现代职业教育体系建设试点立项课题"现代学徒制服装设计专业中高职衔接人才培养体系的构建"（201517）阶段性成果之一，也是"十三五"职业教育部委级规划教材。本系列教材分《服装立体裁剪》、《服装设计基础》、《服装结构制图》、《服装缝制工艺》共4册，由常州纺织服装职业技术学院庄立新、江苏省金坛中等专业学校陈海霞共同担任系列教材的总主编。

　　本书由六个项目组成。项目一是服装立体裁剪基本知识，介绍了服装立体裁剪的起源、立裁的常用工具以及服装立体裁剪的材料选择与整理方法。项目二介绍了女装原型上衣、原型裙以及原型省道变化的立体裁剪方法和步骤，加强对款式的分析、胸腰省的处理和立裁操作的认知。项目三的女装上衣的立体裁剪、项目四的半截裙的立体裁剪和项目五的连衣裙的立体裁剪，通过对上衣和裙款式变化的立体裁剪进行分析和操作，掌握不同造型的款式分析和立体裁剪手法，提高学生的思维能力和对结构设计的应变能力。项目六介绍了礼服的立体裁剪与欣赏，通过完成礼服的立裁，强化了立裁中的坯布裁剪、修整等多项技术，并对服装整体效果的把握有进一步的提高。本书根据中高职服装设计专业学生的特点，着重体现项目式教学法，将所学的内容融入到各个可操作的项目中。根据毕业生就业岗位需要，合理确定应该具备的知识与能力，删繁就简，注重实用。在教材的表现形式上，更加突出职业教育和中高职衔接特色，采用图片、实物照片和现场操作照片等直观方式取代单纯的文字描述，生动形象、简单明了、通俗易懂，方便学生自主学习和训练提升，通过学习可满足学生就业上岗对服装立体裁剪技术技能的基本要求。本书适用于中高职院校服装专业教学，也可供服装从业人员参考学习。

《服装立体裁剪》由郑红霞担任主编，许敏、庄立新担任副主编，其中项目一、项目二（除原型裙装外）、项目三由郑红霞编写，项目二中的原型裙装以及项目四、项目五由许敏编写，项目六由郑红霞、许敏共同编写，目录及策划由庄立新完成，全书由郑红霞负责统稿。

由于编者水平有限，难免疏漏，恳请师生同行多提宝贵意见，以便及时修正。

编著者

2017年3月

教学内容及课时安排

章/课时	课程性质	节	课程内容
项目一 （16课时）	基础理论		•服装立体裁剪基本知识
		主题一	服装立体裁剪的起源
		主题二	服装立体裁剪的常用工具
		主题三	服装立体裁剪的材料选择与整理
项目二 （32课时）	讲练结合		•女装原型的立体裁剪
		主题一	原型上衣（肩胸省）的立体裁剪
		主题二	原型裙装（西服裙）的立体裁剪
		主题三	原型上衣的省道转移
项目三 （48课时）	讲练结合		•女装上衣的立体裁剪
		主题一	翻领上衣的立体裁剪
		主题二	连立领上衣的立体裁剪
		主题三	翻驳领上衣的立体裁剪
项目四 （24课时）	讲练结合		•半截裙的立体裁剪
		主题一	褶裥裙的立体裁剪
		主题二	波浪裙的立体裁剪
项目五 （32课时）	讲练结合		•连衣裙的立体裁剪
		主题一	剪接式连衣裙的立体裁剪
		主题二	旗袍的立体裁剪
项目六 （24课时）	讲练结合与欣赏		•礼服的立体裁剪
		主题一	无肩带女装晚礼服的立体裁剪
		主题二	时装大师女装晚礼服赏析

注 各院校可根据自身的教学特色和教学计划对课时进行调整。

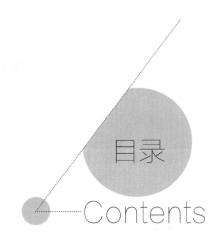

目录
Contents

项目一

服装立体裁剪基本知识·· **001**

主题一　服装立体裁剪的起源·· 001

一、立体裁剪的概念··· 001

二、立体裁剪的起源··· 001

三、立体裁剪的发展··· 002

四、立体裁剪作品赏析·· 004

拓展与练习·· 005

主题二　服装立体裁剪的常用工具·· 005

一、人台·· 005

二、大头针·· 005

三、剪刀·· 006

四、标记带·· 006

五、针插·· 007

六、手缝针和线·· 007

七、熨斗·· 007

八、标记笔·· 008

九、滚轮·· 008

十、尺··· 008

拓展与练习·· 008

主题三　服装立体裁剪的材料选择与整理·································· 008

　　一、人台的准备··· 008

　　二、基本针法··· 013

拓展与练习··· 015

项目二

女装原型的立体裁剪··· **016**

主题一　原型上衣（肩胸省）的立体裁剪······································ 016

　　一、款式结构分析··· 016

　　二、坯布的准备·· 016

　　三、立裁操作步骤与方法··· 017

拓展与练习··· 026

主题二　原型裙装（西服裙）的立体裁剪······································ 026

　　一、款式结构分析··· 026

　　二、坯布的准备·· 027

　　三、立裁操作步骤与方法··· 027

拓展与练习··· 031

主题三　原型上衣的省道转移··· 031

　　一、领胸省··· 031

　　二、袖窿省··· 033

　　三、Y字胸省··· 036

拓展与练习··· 041

项目三

女装上衣的立体裁剪··· **042**

主题一　翻领上衣的立体裁剪··· 042

　　一、款式结构分析··· 042

　　二、坯布的准备·· 042

　　三、立裁操作步骤与方法··· 043

拓展与练习··· 053

主题二　连立领上衣的立体裁剪 ･････････････････････････････････････ 054
　　一、款式结构分析 ･･ 054
　　二、坯布的准备 ･･ 054
　　三、立裁操作步骤与方法 ･･････････････････････････････････････ 055
拓展与练习 ･･ 063
主题三　翻驳领上衣的立体裁剪 ･･････････････････････････････････ 063
　　一、款式结构分析 ･･ 063
　　二、坯布的准备 ･･ 064
　　三、立裁操作步骤与方法 ･･････････････････････････････････････ 065
拓展与练习 ･･ 072

项目四

半截裙的立体裁剪 ･･ **073**

主题一　褶裥裙的立体裁剪 ･･････････････････････････････････････ 073
　　一、款式结构分析 ･･ 073
　　二、坯布的准备 ･･ 073
　　三、立裁操作步骤与方法 ･･････････････････････････････････････ 074
拓展与练习 ･･ 078
主题二　波浪裙的立体裁剪 ･･････････････････････････････････････ 078
　　一、款式结构分析 ･･ 078
　　二、坯布的准备 ･･ 078
　　三、立裁操作步骤与方法 ･･････････････････････････････････････ 079
拓展与练习 ･･ 083

项目五

连衣裙的立体裁剪 ･･ **084**

主题一　剪接式连衣裙的立体裁剪 ････････････････････････････････ 084
　　一、款式结构分析 ･･ 084
　　二、坯布的准备 ･･ 085
　　三、立裁操作步骤与方法 ･･････････････････････････････････････ 085

拓展与练习 ·· 094

主题二 旗袍的立体裁剪 ·· 095

　　一、款式结构分析 ·· 095

　　二、坯布的准备 ·· 096

　　三、立裁操作步骤与方法 ·· 096

拓展与练习 ·· 103

项目六

礼服的立体裁剪 ·· **104**

主题一 无肩带女装晚礼服的立体裁剪 ·· 104

　　一、款式结构分析 ·· 104

　　二、立裁操作步骤与方法 ·· 105

拓展与练习 ·· 111

主题二 时装大师女装晚礼服赏析 ··· 111

参考文献 ··· 116

项目一　服装立体裁剪基本知识

主题一　服装立体裁剪的起源

主题任务：本课任务要求学生能够认识立体裁剪，了解服装立体裁剪的起源与发展。

材料准备：多媒体教学设备、计算机、服装立体裁剪作品集、人台等。

一、立体裁剪的概念

立体裁剪是与平面剪裁不同的一种剪裁方法，是完成服装款式造型的重要方法之一。服装立体裁剪在法国称之为"抄近裁剪（Cauge）"，在美国和英国称之为"覆盖裁剪（Dyapiag）"，在日本则称之为"立体裁断"。它的操作方法是将布料直接覆盖在人台或者人体上，通过分割、折叠、抽缩、拉展等技术手法制成预先构思好的服装造型，通过剪裁后，再从人台上或者人体上取下裁好的布样，然后平面修正，并且转换得到更加精确得体的纸样，最后制成服装的技术手法。

二、立体裁剪的起源

原始社会，人类将兽皮、树皮、树叶等材料简单地加以整理，在人体上比划求得大致的合体效果，加以切割，并用兽骨、皮条、树藤等材料进行固定，形成最古老的服装，这便产生了原始的裁剪技术，如图1-1所示。

图1-1　服装的起源

三、立体裁剪的发展

13世纪，哥特时代的中期，当时欧洲服装经过自身的发展和对外来服装文化的融合之后，使他们对服装立体造型的感悟逐步加深，服装从平面形态向按体型构成的形态转变，具体表现出来的服装形态就是三维空间立体造型，如图1-2所示。

图1-2　13世纪服装

15世纪，哥特时期的耸胸、卡腰、蓬松裙身的立体型服装产生，如图1-3所示。

图1-3　15世纪服装

18世纪，洛可可服装风格的确立，强调三围差别，注重立体效果的立体型服装就此兴起，历经兴衰，直至今日，这种独立的服装造型风格和技法逐渐演变成立体裁剪法，如图1-4所示。这种裁剪技术作为制作服装样板的基本工艺被沿用至今。立体裁剪在以后的岁月里，随着人们对服装的订制与要求，逐渐得到了发展，许多国家也不同程度的得以普及与应用。

图1-4　洛可可服装

20世纪20年代，真正运用立体裁剪作为生产设计灵感手段的是设计大师玛德琳维奥尼（Madeleine Vionnet），如图1-5所示，她认为"利用人体模型进行立体裁剪造型是设计服装的唯一途径"，并在设计的基础上首创了斜裁法（bias cut），使服装进入了一个新的领域，打破了平面裁剪上用于直纱、横纱的风格，如图1-6所示。她推出的斜裁法一直被沿用至今。

图1-5　玛德琳维奥尼　　　　　　图1-6　玛德琳维奥尼作品

四、立体裁剪作品赏析

立体裁剪作品赏析如图1-7~图1-9所示。

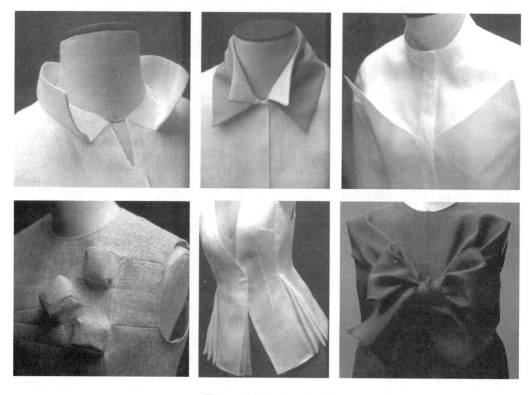

图1-7　中岛友子局部立裁

图1-8　礼服习作

图1-9　立裁成衣

拓展与练习

课后收集一些立裁作品，欣赏的同时试着分析、思考其立裁方法。

主题二　服装立体裁剪的常用工具

主题任务：本课任务要求学生能够了解立体裁剪需要的工具，熟练掌握服装立体裁剪工具的使用。

材料准备：多媒体教学设备、计算机、人台、立裁工具等。

一、人台

立体裁剪（简称立裁）专用人台是指可以用面料在上面制作衣服的模特，是进行服装设计与造型的工具。按造型可分为全身人台、上半身人台、下半身人台，如图1-10所示；按性别年龄上可分为男体人台、女体人台、童体人台；按国家地区分法式人台、美式人台、日式人台等。

二、大头针

立裁专用大头针是进行立裁时用于固定面料和进行假缝的工具。与常见

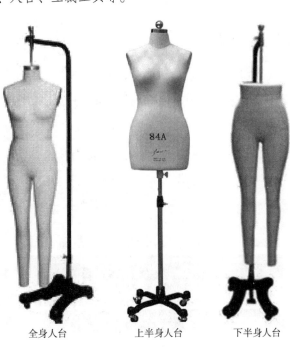

全身人台　　　上半身人台　　　下半身人台

图1-10　人台

大头针不同，多为钢制成，针身细长（约3cm）有韧性，针尖锋利，针尾有无珠和有珠两种，如图1-11所示。

三、剪刀

剪刀是立体裁剪中用来分割修整面料及样板的工具。为

图1-11　大头针

了便于操作应选择剪身小巧轻便些的，这样操作起来更加灵活自如，如图1-12所示。

图1-12　剪刀

四、标记带

人台标记带是用于服装人台各种基本线和款式造型线迹的标示和确定，是立体裁剪中必备工具之一。宽度一般为0.3cm，手撕直接粘贴，可以熨烫，耐高温韧性好，粘贴弧线流畅，方便立体裁剪操作，如图1-13所示。

图1-13　标记带

五、针插

针插是用来收纳大头针的用物，是为了方便立裁操作过程中取放大头针的工具。随着时代的发展，针插在具备实用性的同时也变成一种工艺品。针插分为有腕式和固定式两种，如图1-14所示。

(a) 腕式针插   (b) 固定式针插

图1-14　针插

六、手缝针和线

手缝针是立裁时用于临时假缝的工具，针一般用比较细长些的；立裁的线多采用白色棉线，如图1-15所示。

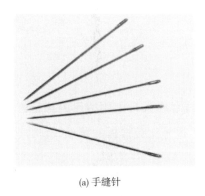

(a) 手缝针   (b) 线

图1-15　手缝针和线

七、熨斗

熨斗是立裁时用来熨烫布料、规整丝缕的熨烫工具。

八、标记笔

标记笔是立裁时用来在布料上画线、画样和点影的工具一般采用铅芯较软的铅笔或记号笔。

九、滚轮

滚轮是用来拓样板和复片的工具。

十、尺

立体裁剪过程中需要用到很多种尺，有皮尺、长直尺、袖窿尺和曲线板等。

拓展与练习

认识立裁所需工具，课后进行立裁工具的准备。

主题三　服装立体裁剪的材料选择与整理

主题任务： 本课任务要求学生能够准确掌握并完成服装立体裁剪材料的准备与整理。

材料准备： 多媒体教学设备、计算机、人台、立裁工具等。

一、人台的准备

（一）标示线的贴制

1.标示线的名称

标示线是人台上重要的人体结构线和造型线。在人台上用醒目的标记带贴上标示线，是进行准确立裁的保证和立裁坯布丝缕的标准，也是立裁样板的基准线。

常用的标示线有：

（1）纵向标示线：前中心线、前左右公主线、后中心线、后左右公主线、左右侧缝线。

（2）横向标示线：胸围线、腰围线、臀围线、背宽线。

（3）斜向标示线：领围线、左右袖窿线、左右肩缝线。

2.标示线的贴制步骤

（1）前、后中心线：领圈前、后中心点垂直向下作一条垂线确定并贴出前、后中心线，如图1-16、图1-17所示。

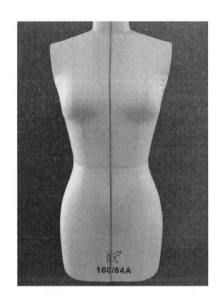

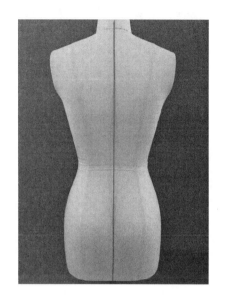

图1-16　前中心线的贴制　　　　　　　　　　图1-17　后中心线的贴制

（2）领围线：从后中心点开始，围绕人台颈根部一周贴出领围线，如图1-18所示。

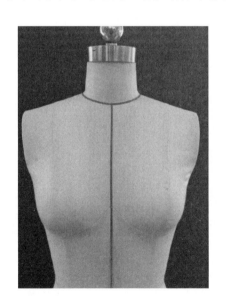

图1-18　领围线

（3）胸围线：从人台侧面开始，通过胸高点（BP点），并水平围绕一周贴出胸围线，如图1-19所示。

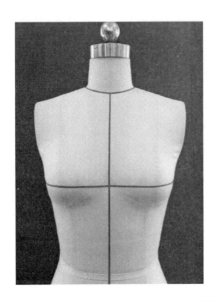
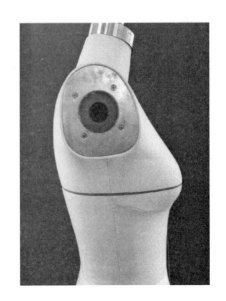

图1-19　胸围线

（4）腰围线：从人台侧面开始，水平围绕腰部最细处一周贴出腰围线，如图1-20所示。

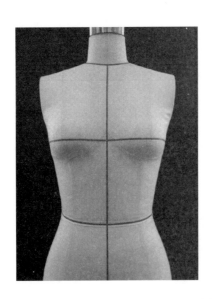
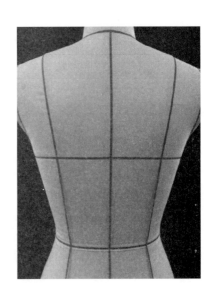

图1-20　腰围线

（5）臀围线：从人台侧面开始，在腰围线向下17~18cm处，水平围绕臀部一周贴出臀围线围线，如图1-21所示。

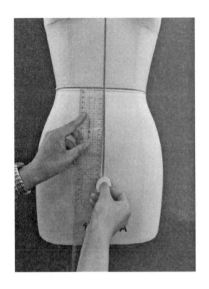

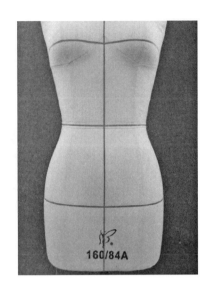

图1-21　臀围线

（6）袖窿线：从人台肩部开始，围绕手臂根部一周贴出袖窿线，如图1-22所示。

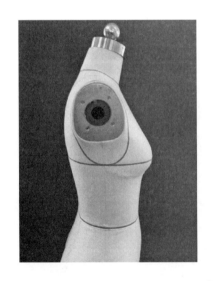

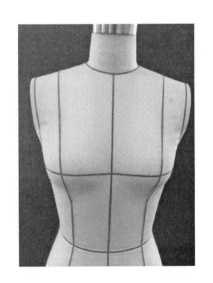

图1-22　袖窿线

（7）肩缝线：从侧颈点至肩点贴出肩缝线，如图1-23所示。

（8）侧缝线：由肩端点向下，从袖窿底开始顺势贴出侧缝线（注意：至臀围线交点可根据美观度调整偏后量，一般为1cm左右）贴出侧缝线，如图1-24所示。

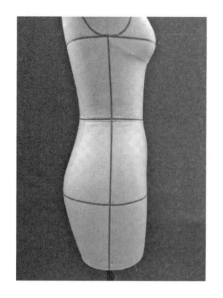

图1-23　肩缝线

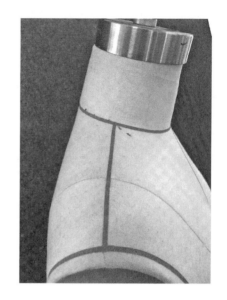

图1-24　侧缝线

（9）前左右公主线：从肩缝线1/2处开始，向下过胸高点（BP点）、腰围线、臀围线至底边贴出前公主线，如图1-25所示。

（10）后左右公主线：从肩缝线1/2处开始，向下经后背肩胛骨、腰围线、臀围线至底摆贴出后公主线，如图1-26所示。

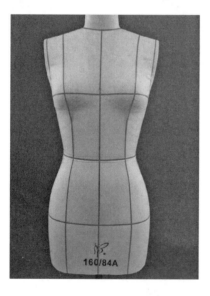

图1-25　前左右公主线

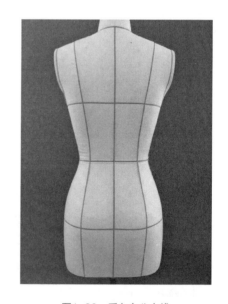

图1-26　后左右公主线

（11）背宽线：从后中心开始，高出胸围线11cm左右并平行贴出背宽线，如图1-27所示。

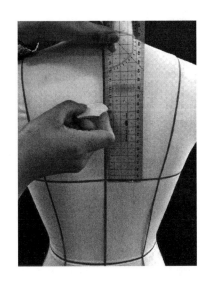 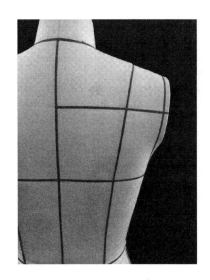

图1-27 背宽线

3. 标示线的贴制要点

（1）横向标示线要水平，无断裂。

（2）公主线须左右对称，弧势自然流畅。

（3）领围线线迹应自然圆顺，后平前弯。

（4）袖窿弧线前部弧线弯度大，后部弧线弯度小。

二、基本针法

立裁中，大头针针法的运用非常重要，正确地使用大头针可以使操作更加简便、快捷，使立裁造型更加完好。基本针法有两种，固定针法和别针方法。

1. 固定针法

固定针法是坯布与人台之间的固定，有单针固定和双针固定两种。

（1）单针固定：单针固定是将大头针斜向插入人台，大头针的倾斜方向与坯布受力方向相反，如图1-28所示。

（2）双针固定：双针固定是将两根大头针斜向交叉插入人台，以保证坯布在各个方向都不易移动，如图1-29所示。

2. 别针针法

别针针法是坯布与坯布之间的固定，有叠缝别针法、捏合别针法和搭缝别针法三种：

（1）叠缝别针法：叠缝别针法是将一块样布折进缝份，

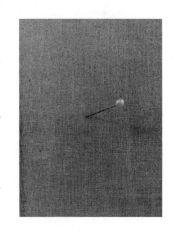

图1-28 单针固定

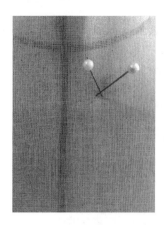 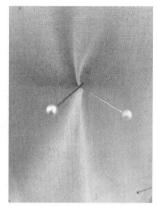

图1-29　双针固定

压在另一块样布上，沿上层止口用大头针三层固定，大头针的排列应整齐美观，间距以三指为宜，方向有水平、垂直和斜向，如图1-30所示。

（2）捏合别针法：捏合别针法是将两块样布缝份捏合在一起，并用大头针固定。用于坯布样衣在造型过程中的固定与调整，如侧缝、肩缝和省道等，如图1-31所示。

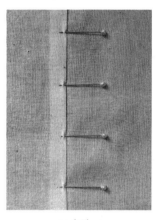  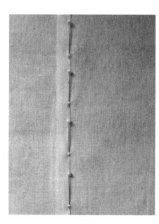

(a) 水平　　　　　(b) 垂直　　　　　(c) 斜向

图1-30　叠缝别针法

  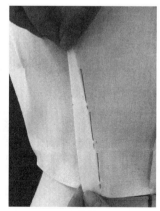

(a) 侧缝　　　　　(b) 肩缝　　　　　(c) 省道

图1-31　捏合别针法

（3）搭缝别针法：搭缝别针法是将两块未经折缝的样布平摊搭合，并用大头针固定，方向有水平、垂直和斜向，如图1-32所示。

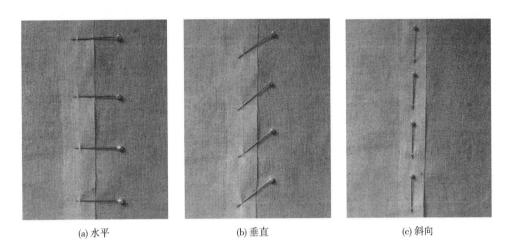

(a) 水平　　　　　　　　　　(b) 垂直　　　　　　　　　　(c) 斜向

图1-32　搭缝别针法

拓展与练习

完成立裁人台标示线的贴制以及立裁针法的练习。

项目二　女装原型的立体裁剪

主题一　原型上衣（肩胸省）的立体裁剪

主题任务：本课任务要求学生能够完成女装肩胸省原型上衣的立体裁剪，掌握其操作方法和步骤。

材料准备：多媒体教学设备、计算机、服装立体裁剪作品集、人台等。

一、款式结构分析

原型上衣为四片式结构，前身两片，后身两片。前片胸省为肩胸省，腰部收腰身，后片收肩背、腰省。

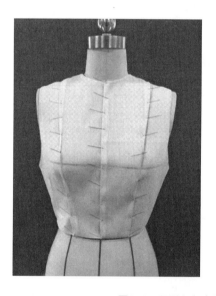

图2-1　原型上衣（肩胸省）

二、坯布的准备

1. 采样

（1）确定布样的长度：人台颈端点过BP点至WL加放10~15cm。

（2）确定布样的宽度：人台侧缝至前中心线加放10~15cm。

2.熨烫

熨烫坯布，并且纠正丝缕。

3.画样

画样，如图2-2所示。

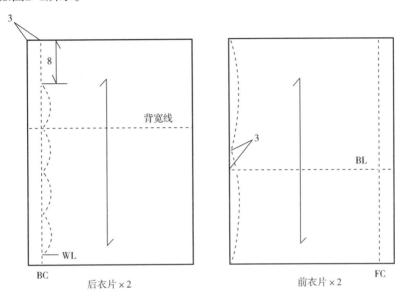

图2-2 画样

三、立裁操作步骤与方法

1.前衣片的立体裁剪

（1）将前片坯布的中心线（FC）、BL分别与人台上的前中心线、BL对齐，并上下双针固定，侧缝处单针固定，如图2-3所示。

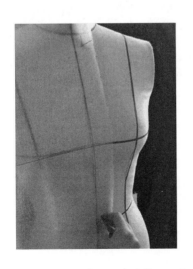

图2-3 坯布的FC、BL与人台上的前中心线、BL对齐，固定

（2）修剪领圈。将领圈抚平，留出缝份，如图2-4所示。

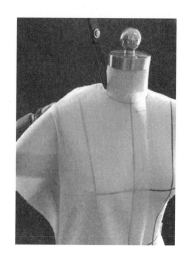

图2-4　修剪领圈

（3）捏胸省。注意肩胸省的大小、长度、位置以及省尖平服度的调整，用抓别法将省捏合，如图2-5所示。

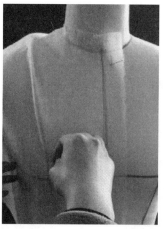

图2-5　捏胸省

（4）修剪袖窿与肩缝，如图2-6、图2-7所示。

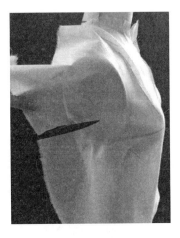

图2-6　修剪袖窿

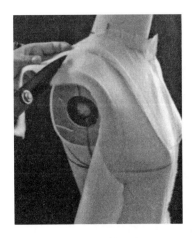

图2-7　修剪肩缝

（5）在BL靠侧缝处用双针固定法加放0.5cm的胸围松量，如图2-8所示。

（6）将胸围0.5cm松量顺势捏至腰围处，并用双针固定，如图2-9所示。

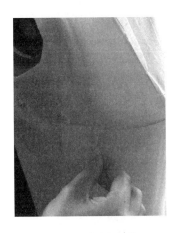

图2-8　放胸围松量

图2-9　放腰围松量

（7）捏合腰省，方法同肩胸省，如图2-10所示。

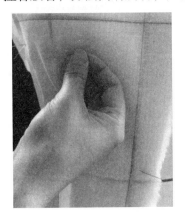

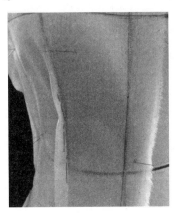

图2-10　捏合腰省

2.后衣片的立体裁剪

（1）将后片坯布的中心线（BC）、背宽线分别与人台上的后中心线、背宽线对齐，并上下双针固定，背缝线处单针固定，如图2-11所示。

（2）修剪领圈。将领圈抚平，留出缝份，如图2-12所示。

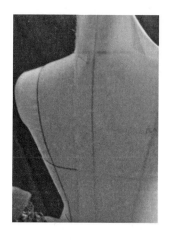
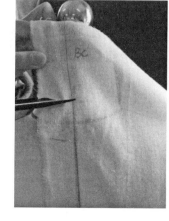

图2-11 固定后片坯布　　　　　　　　　　　图2-12 修剪领圈

（3）捏肩背省。注意省的大小、长度、位置以及省尖平服度的调整，用抓别法将省捏合，如图2-13所示。

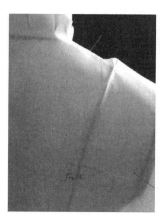
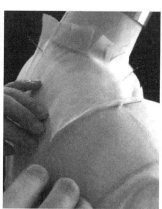
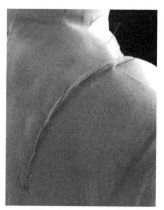

图2-13 捏肩背省

（4）修剪袖窿与肩缝，如图2-14、图2-15所示。

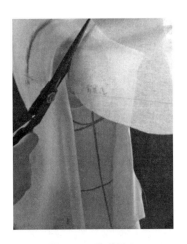

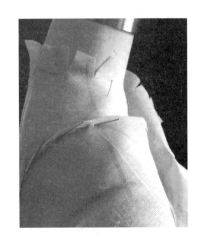

图2-14　修剪袖窿　　　　　　　　　　　图2-15　修剪肩缝

（5）在BL靠侧缝处用双针固定法加放0.5cm的胸围松量，如图2-16所示。

（6）将胸围0.5cm松量顺势捏至腰围处，并用双针固定，如图2-17所示。

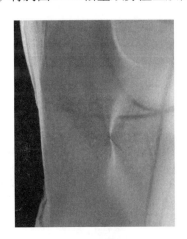

图2-16　放胸围松量　　　　　　　　　　图2-17　放腰围松量

（7）捏合腰省，沿腰口线打剪口，方法同前片，如图2-18所示。

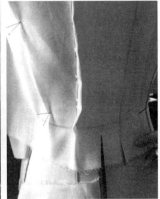

图2-18　捏合腰省

（8）用抓别法拼合并修剪侧缝与肩缝，注意肩缝拼合时，肩胸省与后背省不能错位，如图2-19、图2-20所示。

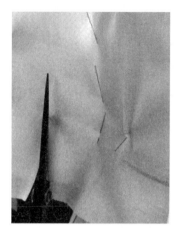

图2-19　抓别法拼合修剪侧缝

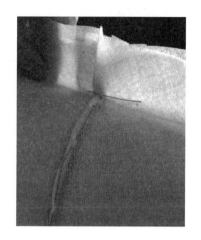

图2-20　抓别法拼合修剪肩缝

3. 点影、作标记

（1）沿人台前标示线在布样上点影、作"十字"标记的是两线相交处、省尖、省根处，如图2-21~图2-23所示。

图2-21　颈端点

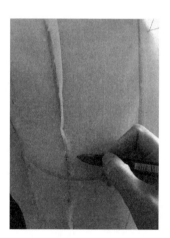

图2-22　省尖

图2-23　省根

（2）沿人台后标示线中间部位点影、作"线型"标记的是领圈、袖窿、腰围线、肩缝和侧缝等，如图2-24~图2-26所示。

图2-24　领圈

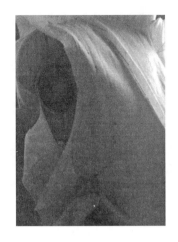

图2-25　袖窿

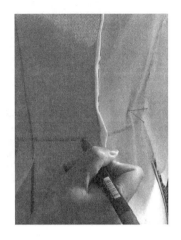

图2-26　腰围线

4.拓样、整理

（1）将原型从人台取下，卸去大头针，将点影画顺。肩缝处前后肩端点须抬高0.5cm，如图2-27所示。

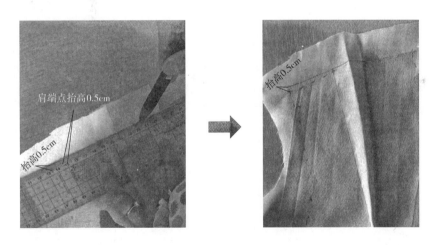

图2-27　画点影

（2）袖窿应考虑人体活动的需要，需将袖窿深降低；本原型胸围松量为8cm，每片为2cm，立裁别样已放0.5cm，故胸围应再加放1.5cm，如图 2-28所示；腰围松量为4cm，每片为1cm，立裁别样已放0.5cm，故腰围应再加放0.5cm，如图 2-29所示。

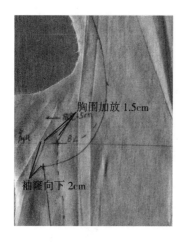

胸围加放 1.5cm

袖窿向下 2cm

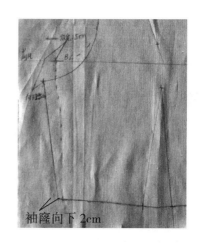

袖窿向下 2cm

图2-28　胸围加放　　　　　　　　　　　图2-29　腰围加放

5. 别样、检验

（1）修剪缝份的同时拓剪出另一半，并作标记，如图2-30所示。

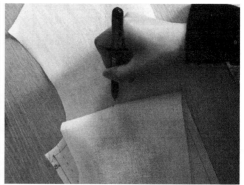

图2-30　拓剪、标记

（2）按净缝线将缝份抠进，后肩缝、后侧缝、前后中心一边除外，如图2-31所示。

前片　　　　　　　　　　　　　　后片

图2-31　抠进缝份

（3）别合前后省，方法如图2-32所示。

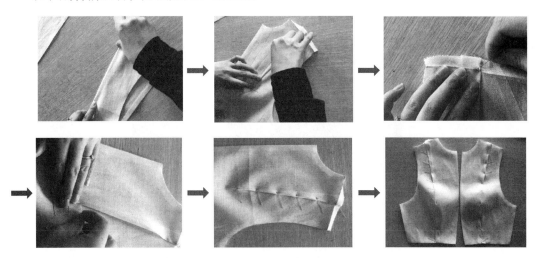

图2-32　别合前后省

（4）别合中缝、侧缝与肩缝，一边侧缝需在人台上别合，步骤如图2-33所示。

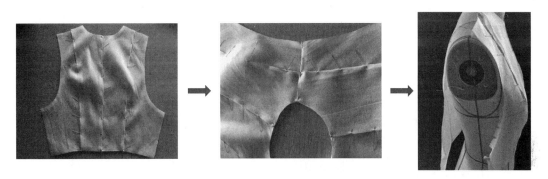

图2-33　别合中缝、侧缝与肩缝

（5）审视、检验。检验丝缕是否顺直，胸围线、腰围线是否水平对称，省的大小、长短以及位置是否准确，胸腰曲面是否自然、饱满，衣身是否平衡、美观，如图2-34所示。

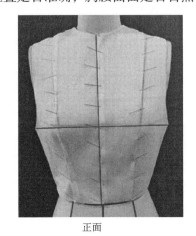
正面

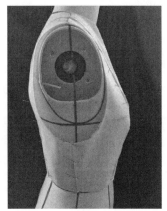
侧面

图2-34　审视、检验

6.样板制作

调整、修正，完成平面样板，如图2-35所示。

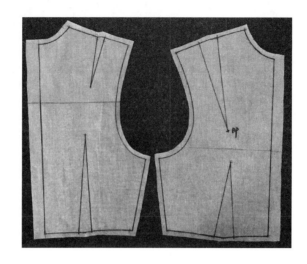

图2-35　样板制作

拓展与练习

完成肩胸省原型上衣的立体裁剪。

主题二　原型裙装（西服裙）的立体裁剪

主题任务：本课任务要求学生能够了解原型裙装操作步骤，完成原型裙装的立体裁剪。

材料准备：白坯布、人台、剪刀、直尺、曲线板、大头针等。

一、款式结构分析

原型裙装整体呈H型造型，裙腰为装腰型直腰。前后腰口各设2个省，拉链可装在后中线，也可装在侧缝，如图2-36所示。

图2-36　原型裙装

二、坯布的准备

1. 采样

（1）确定布样的长度：裙长加放6～8cm。

（2）确定布样的宽度：模型臀围/4加放5～6cm。

（3）确定腰头宽度为8cm，长度为模型腰围+6～10cm。

2. 熨烫缕

熨烫坯布，并且纠正丝缕。

3. 画样

画样，如图2-37所示。

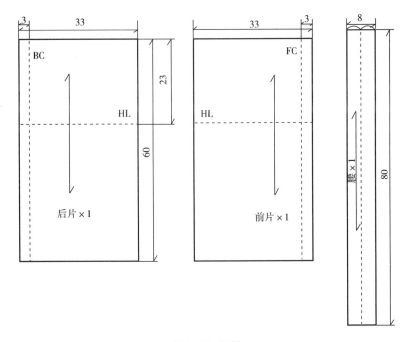

图2-37 画样

三、立裁操作步骤与方法

1. 前裙片的立体裁剪

（1）将前裙片坯布的中心线（FC）、HL分别与人台上的前中心线、HL对齐，并上下双针固定，侧缝处单针固定，如图2-38所示。

（2）在臀围处加放1cm松量，为了均匀加放，将臀围三等分，分别加放0.5cm。如图2-39所示。

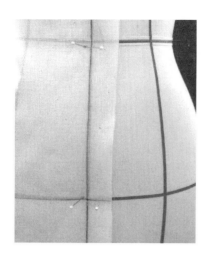

图2-38 固定

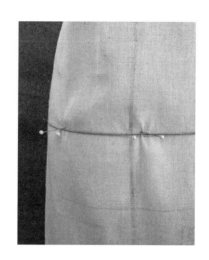

图2-39 前裙片臀围加放松量

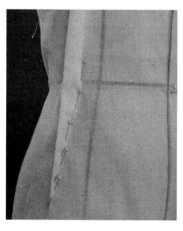

图2-40 捏合腰省

（3）捏合腰省。在公主线偏侧缝处用抓别法捏合腰省。注意腰省的大小、长度、位置以及省尖平服度的调整，如图2-40所示。

2. 后裙片的立体裁剪

（1）将后片坯布的中心线（BC）、臀围线分别与人台上的后中心线、臀围线对齐，并上下双针固定，如图2-41所示。

（2）与前裙片相同，将臀围三等分，分别加放0.5cm松量，如图2-42所示。

（3）捏合腰省。在公主线处用抓别法捏合腰省。注意腰省的大小、长度、位置以及省尖平服度的调整，如图2-43所示。

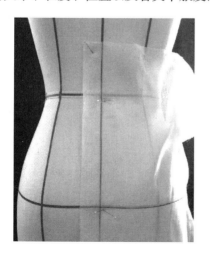

图2-41 固定

图2-42 后裙片臀围加放松量

（4）用抓别法拼合前后裙片的侧缝，如图2-44所示。

（5）用标记带贴出裙摆的位置，留3cm的缝份，如图2-45所示。

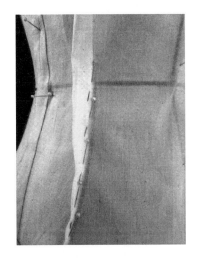

图2-43　捏合腰省

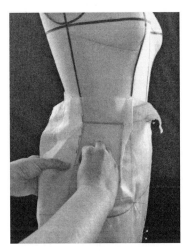

图2-44　抓别法拼合侧缝

图2-45　标记裙摆位置

3. 点影、作标记

沿人台标示线在布样上点影、作"十字"标记的是两线相交处、省尖、省根处，作"线型"标记的是腰围线和侧缝，如图2-46、图2-47所示。

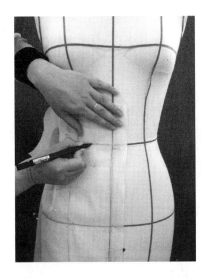

图2-46　点影

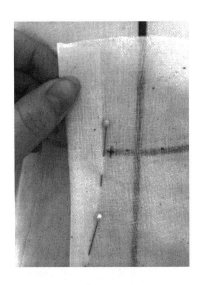

图2-47　作标记

4. 划线、整理、别样、检验

（1）将裙原型从人台取下，卸去大头针，将点影画顺，如图2-48所示。

（2）别合省道，修剪腰口留1cm的缝头、前后侧缝留2cm的缝份，方便后面的修正，按净缝线将缝份抠进并别合侧缝，如图2-49所示。

（3）把别合后的裙片固定在人台上，别好腰头。审视、检验。丝缕是否顺直，臀围线是否对齐，省的大小、长短以及位置是否准确，腹部是否自然、饱满、美观，对不理想的地方作出修正，如图2-50所示。

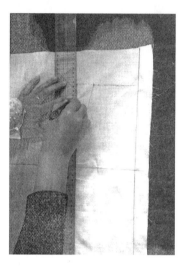 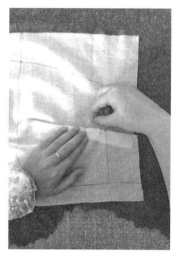 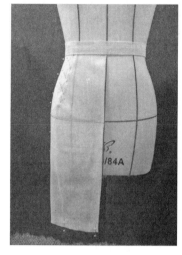

图2-48　划线　　　　　　　　图2-49　别合省道　　　　　　　图2-50　修正

（4）修正后完成的平面样板如图2-51所示。

5. 原型裙装坯布样衣立体效果展示

如图2-52所示。

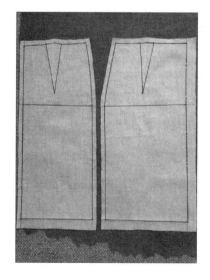 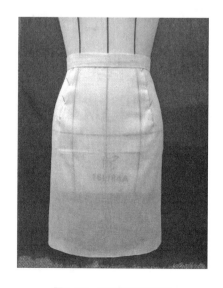

图2-51　平面样板　　　　　　　图2-52　原型裙坯布样衣

拓展与练习

如果腰口处设置两个省，该如何处理呢？请同学们尝试完成前后片各两个省道的立体裁剪。

主题三　原型上衣的省道转移

主题任务： 本课任务要求学生能够完成女装原型上衣省道转移的立体裁剪，掌握其操作方法和步骤。

材料准备： 多媒体教学设备、计算机、服装立体裁剪作品集、人台等。

一、领胸省

（一）款式结构分析

原型上衣为四片式结构，前身两片，后身两片。前片胸省为领胸省腰部收腰身，后片收肩背省、腰省，如图2-53所示。

（二）坯布的准备

1.采样

（1）确定布样的长度：人台颈端点过BP点至WL加放10~15cm。

（2）确定布样的宽度：人台侧缝至前中心线加放10~15cm。

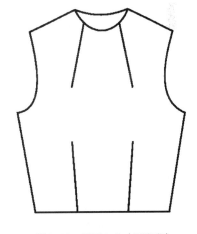

图2-53　原型上衣（领胸省）

2.熨烫

熨烫坯布，并且纠正丝缕。

3.画样

画样，如图2-54所示。

（三）立裁操作步骤与方法

1.前衣片的立体裁剪

（1）将前片坯布的中心线（FC）、BL分别与人台上的前中心线、BL对齐，并上下双针固定，侧缝处单针固定，如图2-55所示。

（2）捏胸省。注意领胸省的大小、长度、位置以及省尖平服度的调整，用抓别法将省捏合，如图2-56所示。

（3）修剪领圈、袖窿。将领圈抚平，留出缝份，如图2-57、图2-58所示。

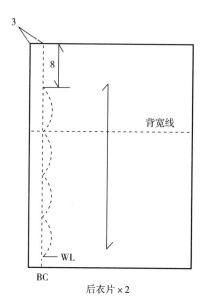
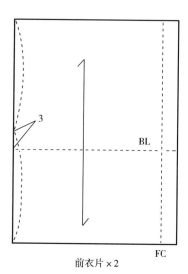

3

8

背宽线

BL

WL

BC

FC

后衣片×2

前衣片×2

图2-54　画样

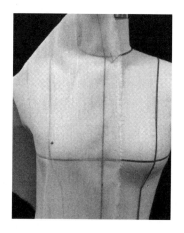

图2-55　固定

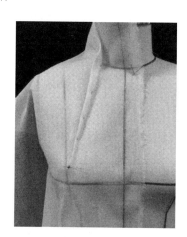

图2-56　捏胸省

图2-57　修剪领圈

图2-58　修剪袖窿

（4）捏合腰省，方法同领胸省，如图2-59所示。

（5）在BL靠侧缝处用双针固定法加放0.5cm的胸围松量，并将胸围0.5cm松量顺势捏至腰围处，用双针固定，如图2-60所示。

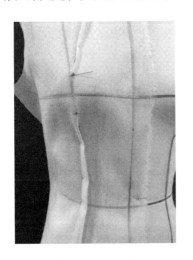 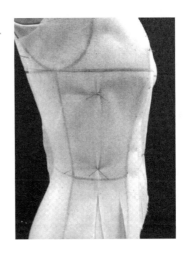

图2-59　捏合腰省　　　　　　　　　　　图2-60　固定松量

2. 点影、作标记

沿人台标示线在布样上点影、作标记（同肩胸省原型上衣），如图2-61所示。

3. 样板制作

调整、修正，完成平面样板，如图2-62所示。

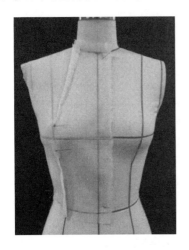 

图2-61　点影、作标记　　　　　　　　　图2-62　平面样板

二、袖窿省

（一）款式结构分析

原型上衣为四片式结构，前身两片，后身两片。前片胸省为领胸省腰部收腰身，后片

收肩背省、腰省，如图2-63所示。

（二）坯布的准备

1. 采样

（1）确定布样的长度：人台颈端点过BP点至WL加放10~15cm。

（2）确定布样的宽度：人台侧缝至前中心线加放10~15cm。

2. 熨烫

熨烫坯正，并且纠正丝缕。

3. 画样

画样，如图2-64所示。

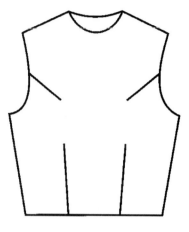

图2-63 原型上衣（袖窿省）

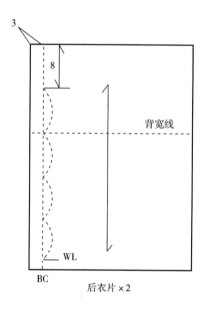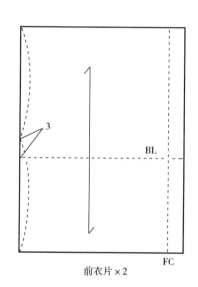

图2-64 画样

（三）立裁操作步骤与方法

1. 前衣片的立体裁剪

（1）将前片坯布的中心线（FC）、BL分别与人台上的前中心线、BL对齐，并上下双针固定，侧缝处单针固定，如图2-65所示。

（2）修剪领圈。将领圈抚平，留出缝份，如图2-66所示。

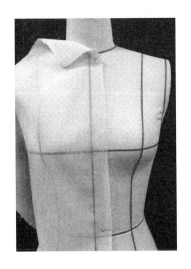

图2-65　固定

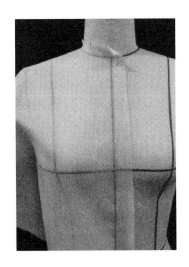

图2-66　修剪领圈

（3）捏胸省。注意袖窿省的大小、长度、位置以及省尖平服度的调整，用抓别法将省捏合，如图2-67所示。

（4）修剪袖窿。将肩部抚平，留出缝份，修剪缝份，如图2-68所示。

图2-67　捏胸省

图2-68　修剪袖窿

（5）捏合腰省，方法同领胸省，如图2-69所示。

（6）在BL靠侧缝处用双针固定法加放0.5cm的胸围松量，并将胸围0.5cm松量顺势捏至腰围处，用双针固定，如图2-70所示。

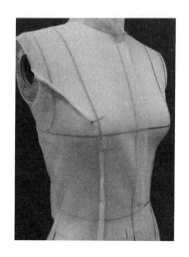

图2-69　捏合腰省

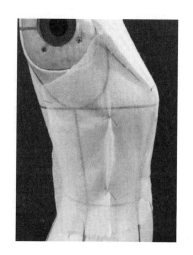

图2-70　固定松量

2. 点影、做标记

沿人台标示线在布样上点影、作标记（同肩胸省原型上衣），如图2-71所示。

3. 样板制作

调整、修正，完成平面样板，如图2-72所示。

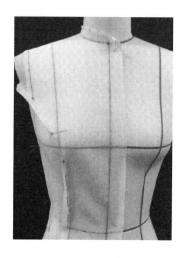

图2-71　点影、作标记

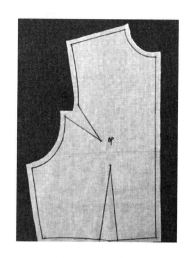

图2-72　平面样板

三、Y字胸省

（一）款式结构分析

原型上衣为四片式结构，前身两片，后身两片。前片胸省为肩胸省腰部收腰身，后片收肩背省、腰省，如图2-73所示。

（二）坯布的准备

1. 采样

（1）确定布样的长度：人台颈端点过BP点至WL加放15~20cm。

（2）确定布样的宽度：人台右侧缝至左侧缝加放10~15cm。

2. 熨烫

熨烫坯布，并且纠正丝缕。

3. 画样

画样，如图2-74所示。

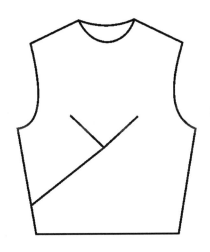

图2-73　原型上衣（Y字胸省）

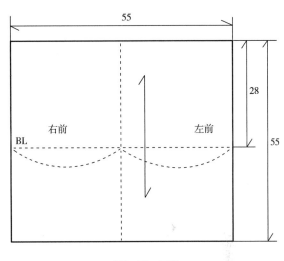

图2-74　画样

（三）立裁操作步骤与方法

1. 前衣片的立体裁剪

（1）根据款式，在人台上找到 Y 字胸省的位置，贴标记带，省尖指向BP点，如图2-75所示。

（2）披布，坯布的中心线、BL与人台中心线、BL对齐，领圈下双针固定。如图2-76所示。

（3）修剪领圈，从前中心打剪口，剪刀斜向上剪，分别剪出左右领圈，并竖打剪口，如图2-77所示。（注：不要剪过领圈净缝线）

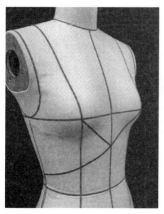 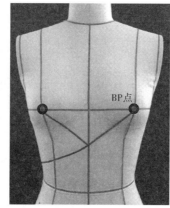

图2-75 标记Y字胸省位置　　　　　　图2-76 披布、固定

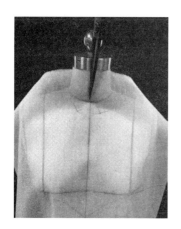 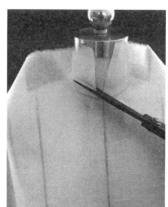 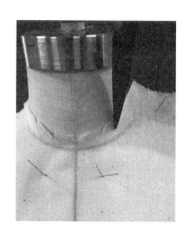

图2-77 修剪领圈

（4）整理肩部，修剪左右袖窿及肩缝，并将胸省推至BL下，侧缝处临时固定，如图2-78所示。

（5）点影分割的V字部位，如图2-79所示。

 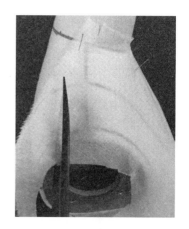

图2-78 整理肩部

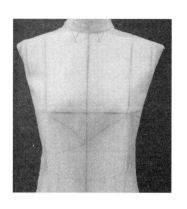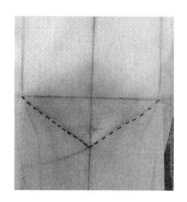

图2-79　点影分割V字部位

（6）右胸省：

①将右腰胸省量推至右省分割处，如图2-80（a）所示。

②剪右省分割，从侧缝处开剪，沿分割线放出1~1.5cm，剪至左右两省相交处，如图2-80（b）所示。

③沿右省标记带放出缝份剪出，不要剪至BP点，留出1~2cm，如图2-80（c）所示。

④将右胸腰省量放入分割缝中，固定、点影或贴标记带，如图2-80（d）所示。

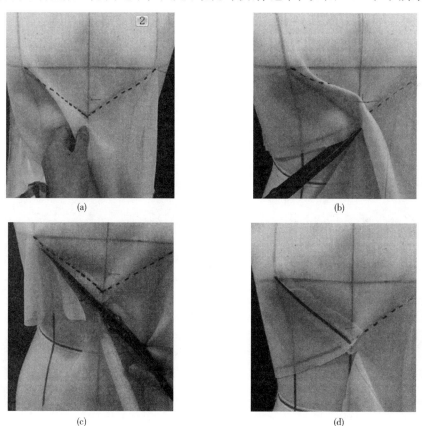

(a)

(b)

(c)

(d)

图2-80　右胸省制作

（7）左胸省：

①剪左省分割，从左右两省相交处，沿左省标记带放出缝份剪出。不要剪至BP点，留出1~2cm，如图2-81（a）所示。

②为了使坯布贴合人体，腰口处打剪口，如图2-81（b）所示。

③将左胸腰省量放入分割缝中，固定、点影或贴标记带，修剪侧缝与腰口，如图2-81（c）所示。

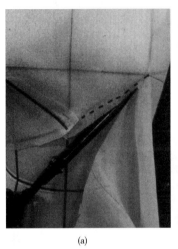  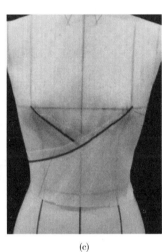

(a)　　　　　　　　　　(b)　　　　　　　　　　(c)

图2-81　左胸省制作

2. 点影、作标记

沿人台标示线在布样上点影、作标记（同肩胸省原型上衣），如图2-82所示。

3. 样板制作

调整、修正，完成平面样板，如图2-83所示。

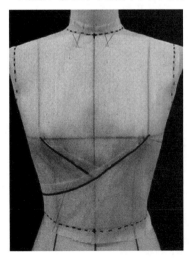 

图2-82　点影、作标记　　　　　　　　　　图2-83　平面样板

拓展与练习

1. 完成女装原型上衣省道转移的立体裁剪。

2. 胸省省道还有哪些变化呢，请收集两款试着说出其立裁的方法和步骤。

项目三　女装上衣的立体裁剪

主题一　翻领上衣的立体裁剪

主题任务：本课任务要求学生能够完成翻领上衣的立体裁剪，掌握其操作方法和步骤。

材料准备：多媒体教学设备、计算机、服装立体裁剪作品集、人台等。

一、款式结构分析

翻领上衣为方形翻驳领。前中开襟，单排扣，钉纽5粒，前后片为公主线分割。袖型为一片式短袖，如图3-1所示。

图3-1　翻领上衣

二、坯布的准备

1.采样

（1）确定布样的长度：衣长加放10~15cm。

（2）确定布样的宽度：

①前片：人台胸围线前中心至前公主线加放10~15cm。

②前侧片：人台胸围线侧缝至前公主线加放10~15cm。

③后片：人台胸围线后中心至后公主线加放10~15cm。

④后侧片：人台胸围线侧缝至后公主线加放10~15cm。

2. 熨烫

熨烫坯布，并且纠正丝缕。

3. 画样

画样，如图3-2所示。

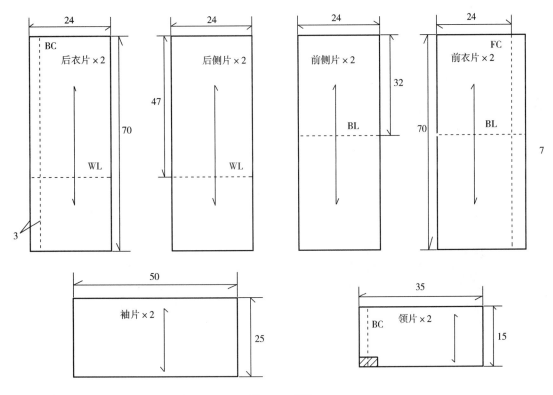

图3-2　画样

三、立裁操作步骤与方法

1. 贴款式标记带

根据款式，在人台上找到翻领上衣前后领圈、门襟和衣长的位置，贴标记带，如图3-3所示。

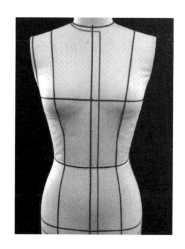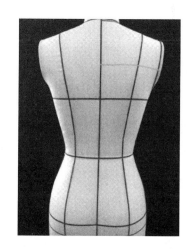

图3-3　贴款式标记带

2. 前衣片的立体裁剪

（1）将前片坯布的中心线（FC）、BL分别与人台上的前中心线、BL对齐，并上下、前片标记带内侧双针固定，如图3-4所示。

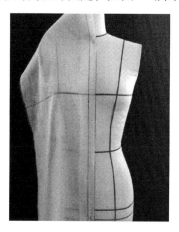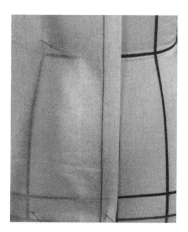

图3-4　对齐前中心线

（2）修剪领圈。叠门处领圈扣光，后将领圈抚平，留出缝份，如图3-5所示。

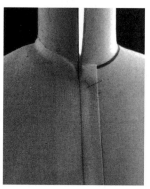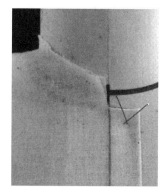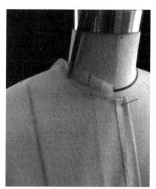

图3-5　修剪领圈

（3）修剪分割缝。留出3~4cm缝份，沿公主线标记带进行修剪，WL处横打剪口，以保证腰部服帖，如图3-6所示。

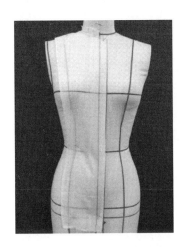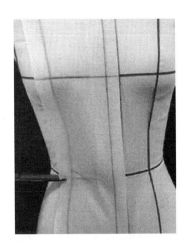

图3-6　修剪分割缝

（4）披前侧片，坯布BL与人台BL对齐，侧片四周内侧双针固定，如图3-7所示；WL处横打剪口，如图3-8所示。

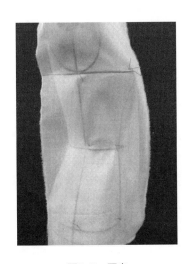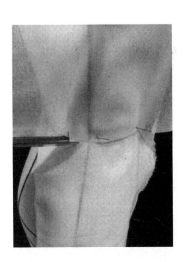

图3-7　固定　　　　　　　　　　　图3-8　打剪口

（5）抚顺肩部，将胸省放入分割缝中，并将前片与侧片沿公主线抓别，如图3-9所示。

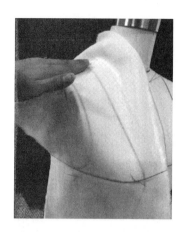
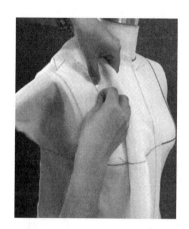

图3-9　抓别胸省、肩部

（6）修剪拼缝，并用竖打剪口，使衣片服帖，如图3-10所示。

图3-10　修剪拼缝

（7）修剪袖窿与肩缝，如图3-11、图3-12所示。

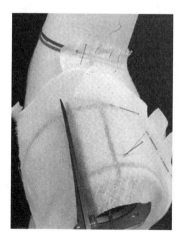

图3-11　修剪袖窿　　　　　　　　　　　　　　图3-12　修剪肩缝

（8）修剪侧缝，并在BL、WL、HL处加放0.5cm松量，如图3-13所示。

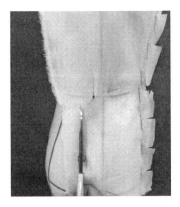

图3-13　修剪侧缝

（9）将后片坯布的中心线（BC）、背宽线分别与人台上的后中心线、背宽线对齐，腰节处打剪口，如图3-14所示；并在腰节处拉出1cm，垂直向下至底边双针固定，修剪缝份，如图3-15所示。

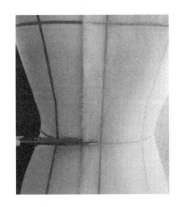
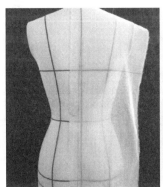
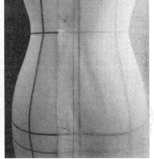

图3-14　腰节处打剪口　　　　　　　　　　　　图3-15　修剪缝份

（10）披侧片，将后片与后侧沿公主线用抓别法拼合，并在BL、WL和HL处加放0.5cm的松量，如图3-16所示。

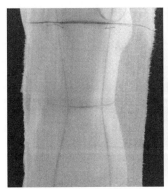
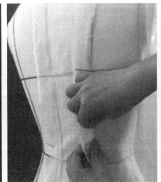
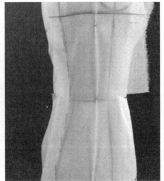

图3-16　抓别法拼合侧缝

（11）修剪肩缝、侧缝，如图3-17、图3-18所示。

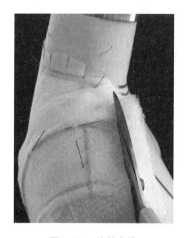

图3-17 修剪肩缝

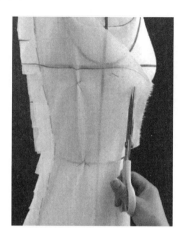

图3-18 修剪侧缝

（12）检查调整后点影，如图3-19所示。

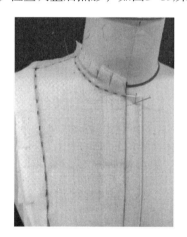

图3-19 检查调查后点影

3. 袖的立体裁剪

（1）根据衣身的袖窿弧线，在袖样布上画出袖的结构图，如图3-20所示。

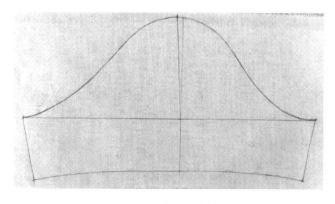

图3-20 袖布上画袖的结构图

（2）用叠缝别针法别合袖底缝，检查袖底和袖口弧线，修整画顺，如图3-21所示，装袖从袖底内侧向左右两边别合，如图3-22所示。

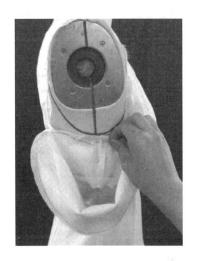

图3-21　检查、修整袖底和袖口弧线　　　　　　图3-22　装袖

（3）用叠缝别针法在正面别合袖窿线上半部，并检查袖的造型，及时调整修改，如图3-23所示。

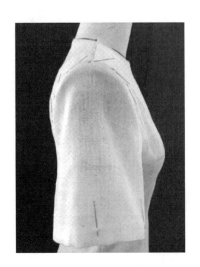

图3-23　检查、调整修改袖的造型

4. 翻领的立体裁剪

（1）贴领圈标示线，如图3-24所示。

（2）后领中心线与人台后中心线对齐，从后中线沿领圈标示线用搭缝别针方法，边剪边固定，并调节领的上下口，一直固定至前中心线，如图3-25所示。

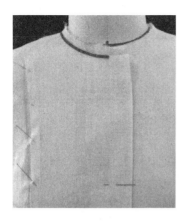

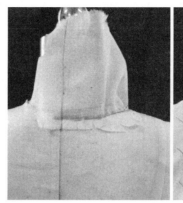

图3-24 贴领圈标线   图3-25 领圈固定

（3）根据领型贴领外口造型线，如图3-26所示。

（4）沿领下口点影，如图3-27所示。

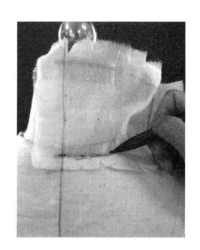

图3-26 贴外领口造型线   图3-27 点影

（5）修剪袖窿与肩缝，如图3-28所示。

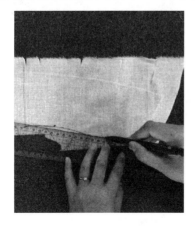

图3-28 修剪袖窿与肩缝

5. 点影、作标记

（1）沿人台前标示线在布样上点影、作"十字"标记，如图3-29所示。

（2）沿人台后标示线中间部位点影，如图3-30所示。

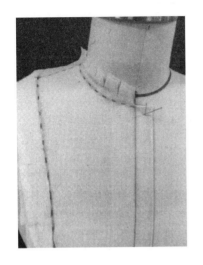

图3-29 沿前标示线点影

图3-30 沿后标示线点影

6. 拓样、整理

（1）将衣片从人台取下，卸去大头针，将点影画顺。肩缝处前后肩端点须抬高0.5cm，如图3-31所示。

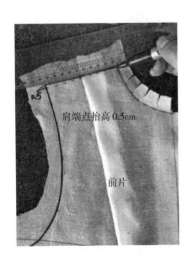

肩端点抬高0.5cm

前片

肩端点抬高0.5cm

后片

图3-31 点影

（2）袖窿应考虑人体活动的需要，须将袖窿深降低；本款衬衫胸围松量为8cm，每片为2cm，立裁别样已放0.5cm，故胸围应再加放1.5cm，如图 3-32所示；腰围和臀围松量为4cm，每片为1cm，立裁别样已放0.5cm，故腰围和臀围应再加放0.5cm，如图 3-33 所示。

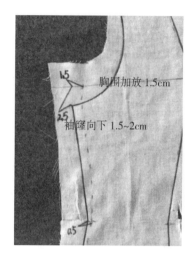

图3-32 胸围放量

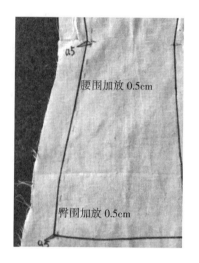

图3-33 腰围和臀围放量

7. 别样、检验

（1）修剪缝份的同时拓剪出另一半，并作标记。

（2）按净缝线将缝份抠进，用叠缝别针法别合，如图3-34所示。

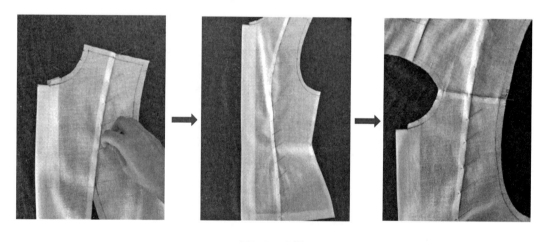

图3-34 别线

（3）审视、检验。丝缕是否顺直，胸围线、腰围线是否水平对称，公主线位置是否准确顺直，胸腰臀曲面是否自然、饱满，衣身是否平衡、美观，如图3-35所示。

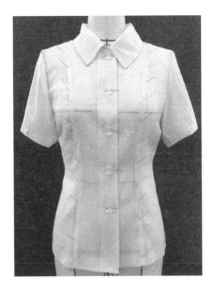

图3-35　翻领上衣坯布样衣

8. 样板制作

调整、修正，完成平面样板，如图3-36所示。

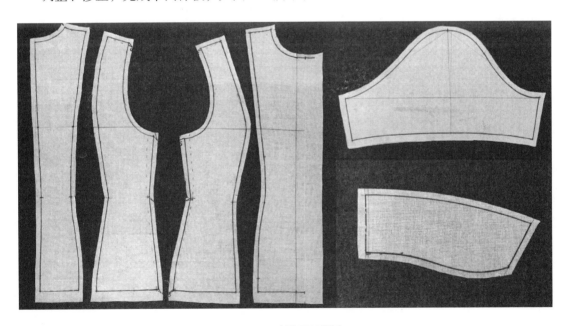

图3-36　制作平面样板

拓展与练习

完成翻领上衣的立裁。

主题二　连立领上衣的立体裁剪

主题任务：本课任务要求学生能够完成连立领上衣的立体裁剪，掌握其操作方法和步骤。

材料准备：多媒体教学设备、计算机、服装立体裁剪作品集、人台等。

一、款式结构分析

本款上衣为连立领。前中开襟，单排1粒扣，前片为公主线分割，后片为方形分割，左右设腰省。袖型为两片式圆装袖，如图3-37所示。

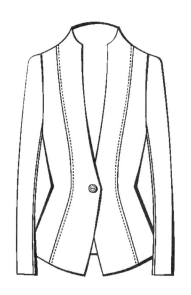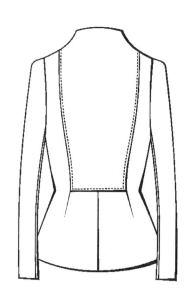

图3-37　连立领上衣

二、坯布的准备

1.采样

（1）确定布样的长度。

后片：后中领高处至后横向分割加放10~15cm。

其余：衣长加放10~15cm。

（2）确定布样的宽度。

前片：人台胸围线前中心至前公主线加放10~15cm。

前侧片：人台胸围线侧缝至前公主线加放10~15cm。

后片：人台胸围线后中心至后纵向分割线加放10~15cm。

后侧片：人台胸围线侧缝至后中心线加放10~15cm。

2. 熨烫

熨烫坯布，并且纠正丝缕。

3. 画样

画样，如图3-38所示。

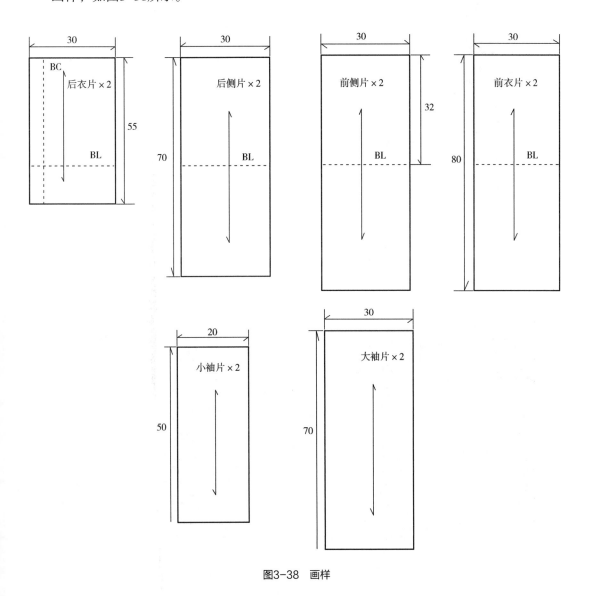

图3-38 画样

三、立裁操作步骤与方法

1. 贴款式标记带

根据款式，在人台上找到翻领上衣前后领圈、门襟和衣长的位置，贴标记带，如图

3-39所示。

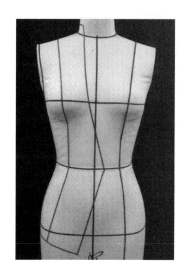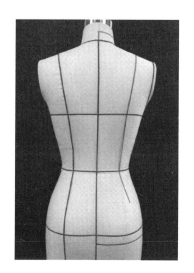

图3-39　贴款式标记带

2. 前衣片的立体裁剪

（1）将前片坯布的BL分别与人台的前BL对齐，并在上下、前片标记带内侧用双针固定，修剪多余缝份，如图3-40所示。

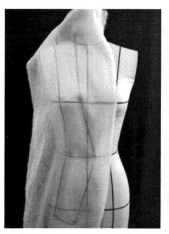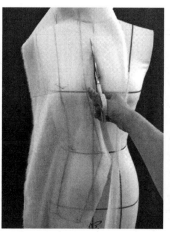

图3-40　固定前片坯布并修剪

（2）披前侧片，前侧片坯布的BL分别与人台的前BL对齐，并在上下、前侧片标记带内侧用双针固定，图3-41所示。

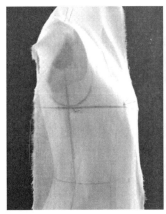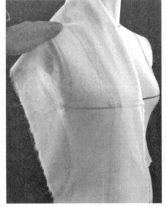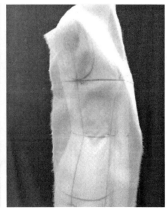

图3-41　固定前侧片坯布

（3）修剪袖窿、肩缝、公主拼缝以及侧缝，如图3-42所示。

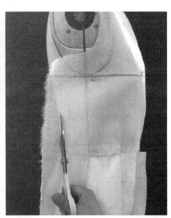

图3-42　修剪袖窿、肩缝、公主拼缝以及侧缝

（4）将前片与侧片沿公主线用抓别法别合，竖打剪口，使衣片服帖，如图3-43所示。

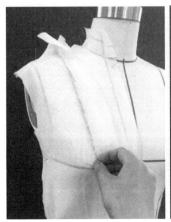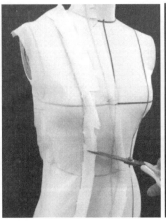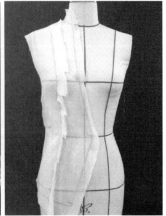

图3-43　别合前片与侧片

3. 后衣片的立体裁剪

（1）将后片坯布的中心线（BC）、BL分别与人台上的后中心线、BL对齐，标记带内侧双针固定，修剪缝份，如图3-44所示。

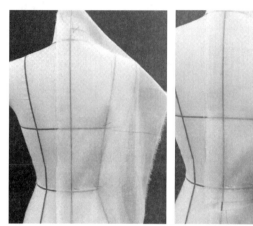
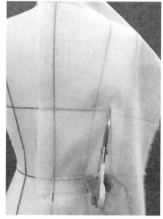
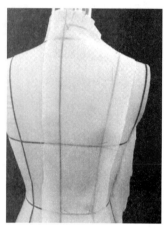

图3-44　固定后片坯布

（2）披侧片，将后侧片坯布的BL与人台的后BL对齐，在后侧片标记带内侧用双针固定，并修剪缝份，如图3-45所示。

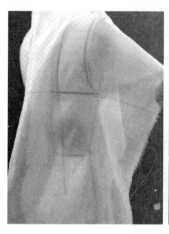
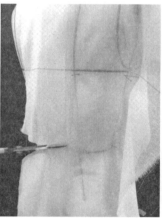

图3-45　固定后侧片坯布

（3）修剪肩缝、侧缝，如图3-46所示。

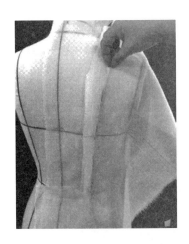 

图3-46　修剪肩缝和侧缝

（4）用抓别法捏合后腰省，如图3-47所示。

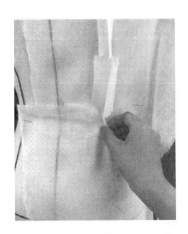 

图3-47　捏合后腰省

（5）拼合前后片，用抓别法捏合肩缝及侧缝，如图3-48所示。

 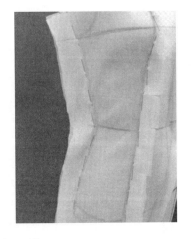

图3-48　捏合肩缝及侧缝

4. 袖的立体裁剪

（1）根据衣身的袖窿弧线，在袖样布上画出袖的结构图，如图3-49所示。

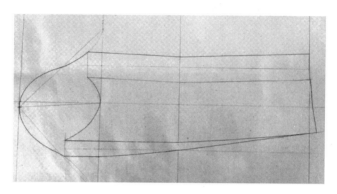

图3-49　在袖样布上画出袖的结构图

（2）用叠缝别针法别合袖底缝，检查袖底和袖口弧线，如图3-50所示。

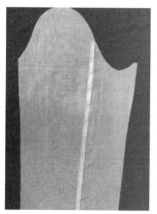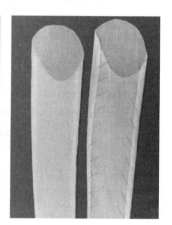

图3-50　别合袖底缝

（3）用叠缝别针法在正面别合袖窿线上半部，并检查袖的造型，及时调整、修改，如图3-51所示。

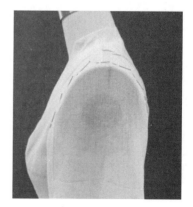

图3-51　别合袖窿线上半部

5. 点影、作标记

（1）沿人台前标示线在布样上点影、作"十字"标记，如图3-52所示。

（2）沿人台后标示线中间部位点影，如图3-53所示。

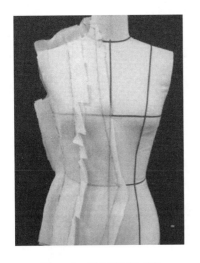

图3-52　沿前标示线点影

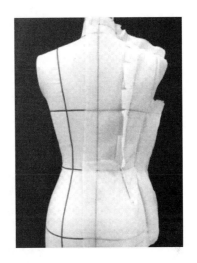

图3-53　沿人标示线点影

6. 拓样、整理

（1）将衣片从人台上取下，卸去大头针，将点影画顺。肩缝处前后肩端点须抬高0.5cm，胸围、腰围以及臀围给予适当松量（可参考翻领女衬衫），如图3-54所示。

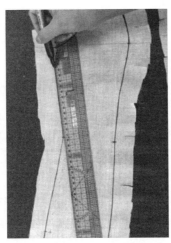
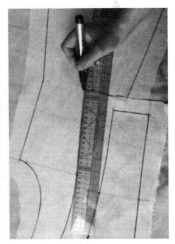

图3-54　拓样和整理

7. 别样、检验

（1）修剪缝份的同时拓剪出另一半，并作标记。

（2）按净缝线将缝份抠进，用叠缝别针法别合，如图3-55所示。

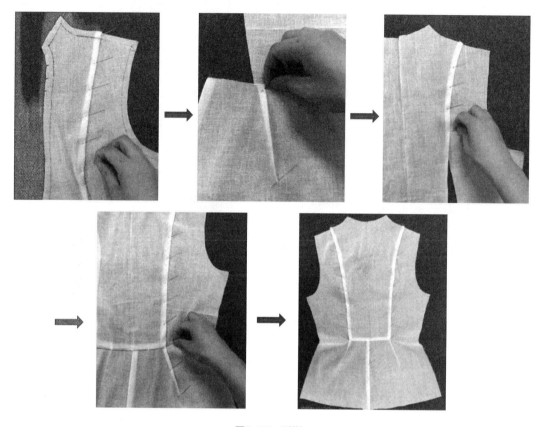

图3-55 别样

（3）审视、检验。丝缕是否顺直，胸围线、腰围线是否水平对称，分割是否准确顺直，胸腰臀曲面是否自然、饱满，衣身是否平衡、美观，如图3-56所示。

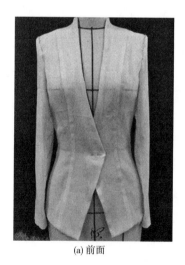
(a) 前面

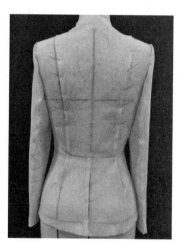
(b) 背面

图3-56 连立领上衣坯布样衣

8.样板制作

调整、修正，完成平面样板，如图3-57所示。

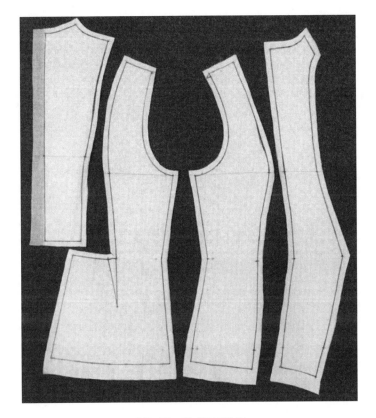

图3-57 完成平面样板

拓展与练习

完成连立领上衣的立裁。

主题三 翻驳领上衣的立体裁剪

主题任务：本课任务要求学生能够完成翻驳领上衣的立体裁剪，掌握其操作方法和步骤。

材料准备：多媒体教学设备、计算机、服装立体裁剪作品集、人台等。

一、款式结构分析

本款上衣为翻驳领。前中开襟，单排1粒扣，前片为弧形分割，并左右设腰省，后片上部左右为弧形分割，下摆左右设对褶。袖型为两片式圆装袖，如图3-58所示。

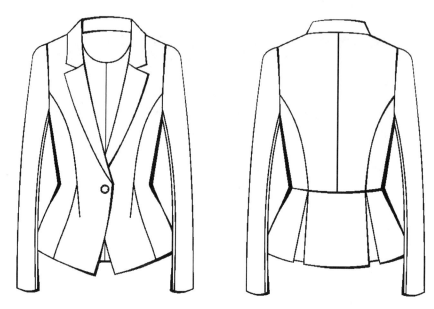

图3-58　连立领上衣

二、坯布的准备

1. 采样

（1）确定布样的长度：

后片：后中领高处至后横向分割加放10~15cm。

其余：衣长加放10~15cm。

（2）确定布样的宽度：

前片：人台胸围线前中心至前公主线加放10~15cm。

前侧片：人台胸围线侧缝至前公主线加放10~15cm。

后片：人台胸围线后中心至后纵向分割线加放10~15cm。

后侧片：人台胸围线侧缝至后中心线加放10~15cm。

2. 熨烫

熨烫，并且纠正丝缕。

3. 画样

画样，如图3-59所示。

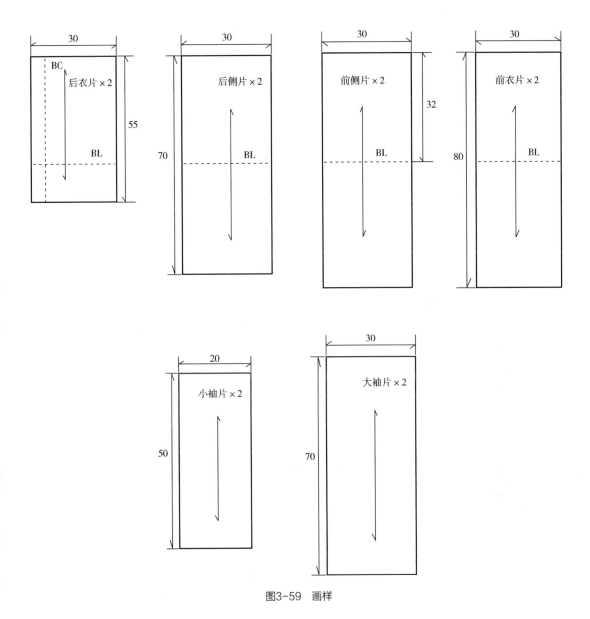

图3-59　画样

三、立裁操作步骤与方法

1.贴款式标记带

根据款式，在人台上找到翻领上衣前后领圈、门襟和衣长的位置，贴标记带，如图3-60所示。

2.前衣片的立体裁剪

（1）将前片坯布的BL分别与人台的前BL对齐，并在上下、前片标记带内侧用双针固定，腰口处横剪，剪至省根，捏合腰省，如图3-61所示。

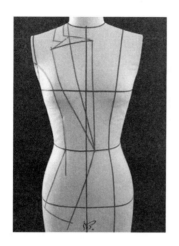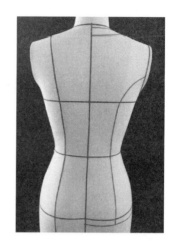

图3-60 贴款式标记带

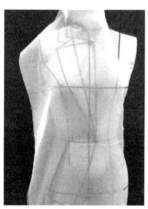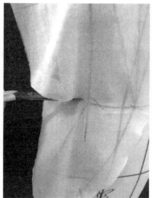

图3-61 固定前片坯布并修剪

（2）修剪前片缝份，如图3-62所示。

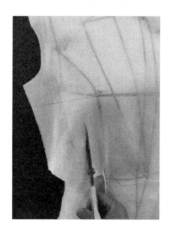

图3-62 修剪前片缝份

（3）披前侧片，前侧片坯布的BL分别与人台的前BL对齐，并在上下、前侧片标记带内侧用双针固定，并修剪缝份，如图3-63所示。

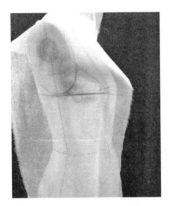
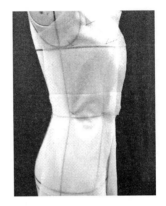

图3-63　固定前侧片坯布

（4）修剪袖窿、肩缝、公主拼缝以及侧缝，如图3-64所示。

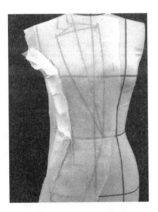

图3-64　修剪袖窿、肩缝、公主拼缝及侧缝

3. 后衣片的立体裁剪

（1）将后片坯布的中心线（BC）、BL分别与人台上坯布的后中心线、BL对齐，标记带内侧双针固定，修剪缝份，如图3-65所示。

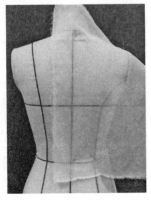
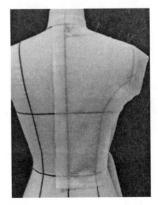

图3-65　固定后片坯布

（2）拼后侧片，将后侧片坯布的BL与人台的后BL对齐，在后侧片标记带内侧双针固定，并修剪缝份，如图3-66所示；拼合后片与后侧片，如图3-67所示。

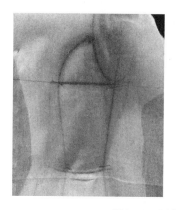
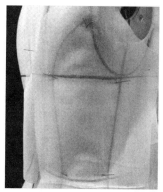
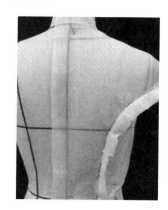

图3-66　固定后侧片坯布　　　　　　　　　　　　　图3-67

（3）下摆中心线与人台中心线对齐，按对裆标示线捏出褶裥，修剪缝份，并拼合后片，如图3-68所示。

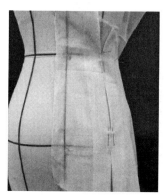
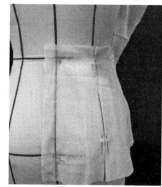

图3-68　捏褶、修剪缝份、拼合后片

（4）用抓别法捏合肩缝、侧缝，如图3-69所示。

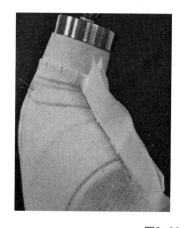
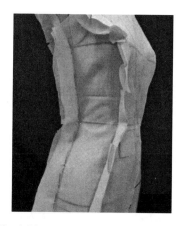

图3-69　捏合肩缝、侧缝

（5）前后片的立裁效果，如图3-70所示。

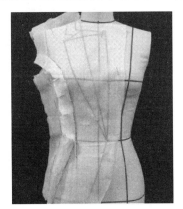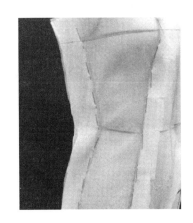

图3-70　立裁效果

4. 领的立体裁剪

（1）后领中心线与人台后中心线对齐，从后中线沿领圈标示线用搭缝别针方法，边剪边固定，并调节领的上下口，一直固定至前中心线，如图3-71所示。

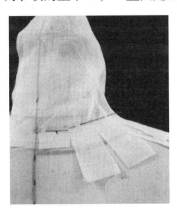

图3-71　固定领

（2）根据领型贴领外口造型线，如图3-72所示。

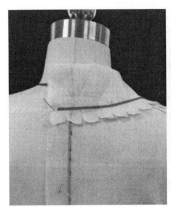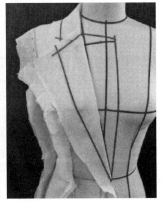

图3-72　贴领外口造型线

（3）沿领下口点影，如图3-73所示。

5.袖的立体裁剪

袖的立裁参考连立领上衣

6.点影、作标记

（1）沿人台前标示线在布样上点影、作"十字"标记，如图3-74所示。

（2）沿人台后标示线中间部位点影，如图3-75所示。

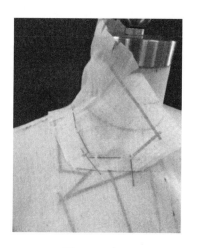

图3-73 点影

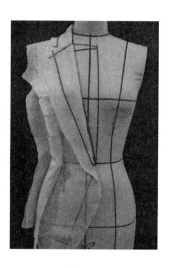

图3-74

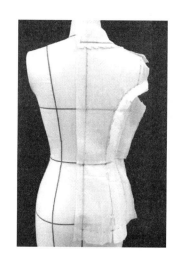

图3-75

7.拓样、整理

（1）将衣片从人台上取下，卸去大头针，将点影画顺。肩缝处前后肩端点须抬高0.5cm，胸围、腰围以及臀围给予适当松量（可参考翻领女衬衫），如图3-76所示。

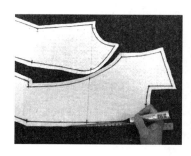
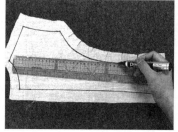

图3-76 拓样、整理

8.别样、检验

（1）修剪缝份的同时拓剪出另一半，并作标记。

（2）按净缝线将缝份抠进，用叠缝别针法别合，如图3-77所示。

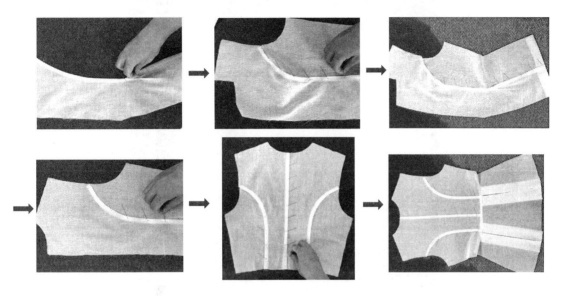

图3-77　别样、检验

（3）审视、检验。丝缕是否顺直，胸围线、腰围线是否水平对称，分割是否准确顺直，胸腰臀曲面是否自然、饱满，衣身是否平衡、美观，如图3-78所示。

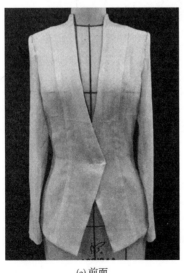

(a) 前面

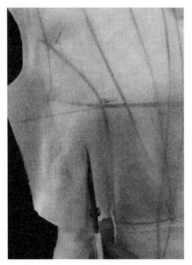

(b) 背面

图3-78　翻驳领上衣坯布样衣

9.样板制作

调整、修正，完成平面样板，如图3-79所示。

图3-79　完成平面样板

拓展与练习

完成翻驳领上衣的立裁。

项目四　半截裙的立体裁剪

主题一　褶裥裙的立体裁剪

主题任务：本课任务要求学生能够了解褶裥裙的操作步骤，完成褶裥裙的立体裁剪。

材料准备：白坯布、人台、剪刀、直尺、曲线板、大头针等。

一、款式结构分析

本款褶裥裙包括育克部分和裙体部分，无腰头，中腰造型。裙体部分左右各两个暗褶，裙摆呈"A"字展开。整体造型活泼大方，体现女性柔美可爱的一面，如图4-1所示。

图4-1　褶裥裙

二、坯布的准备

1. 采样

（1）确定布样的长度：育克部分加放6～8cm，裙体部分加放6～8cm。

（2）确定布样的宽度：育克部分为模型臀围/4加放5～6cm，裙体部分为模型臀围/4+2个褶裥宽度（24）+5～6cm。

2.熨烫

熨烫，并且纠正丝缕。

3.画样

画样，如图4-2所示。

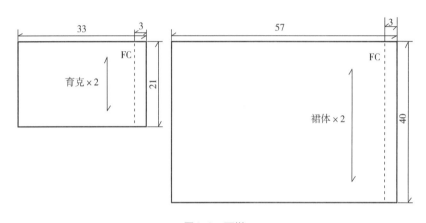

图4-2　画样

三、立裁操作步骤与方法

1.前育克的立体裁剪

（1）用标记带粘贴出前育克的腰口位置，如图4-3所示。

（2）将前育克坯布的前中心线与人台的前中心对齐，上下用双针固定，抚平腰部、臀部，使布料与人台贴合，固定腰部和侧缝，如图4-4所示。

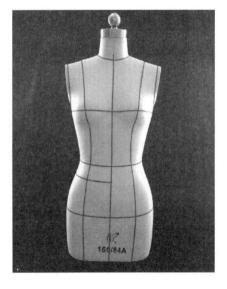

图4-3　标记腰口位置

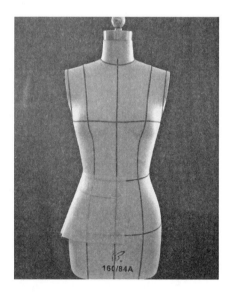

图4-4　固定前育克坯布

（3）加放松量。在腰口处加放0.5cm的松量，侧缝处加放1cm的松量，如图4-5所示。

（4）粗略修剪育克部分，如图4-6所示。

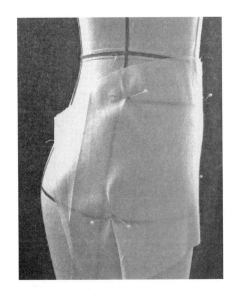

图4-5　加放松量

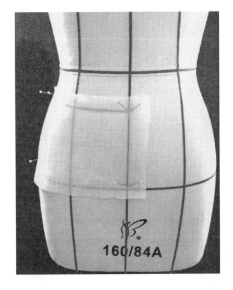

图4-6　修剪前育克

2.前裙体部分的立体裁剪

（1）分割线设置在臀围线上，在臀围线上用标记带粘贴出褶裥的位置，第一个褶裥距离前中线9cm，第二个褶裥距离第一个褶裥7cm，如图4-7所示。

（2）在裙体坯布的褶裥位置处熨烫出宽度为12cm的暗褶，如图4-8所示。

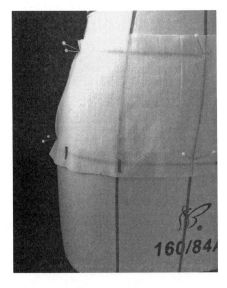

图4-7　标记褶裥位置

图4-8　熨烫褶裥

（3）将裙体部分与育克部分相固定，用标记带粘贴出侧缝和裙摆的位置，如图4-9所示。

3. 后裙的立体裁剪

后裙育克和裙体部分的立体裁剪操作步骤与前片相同。

4. 点影、作标记

沿腰口和拼接部位进行点影，如图4-10所示。

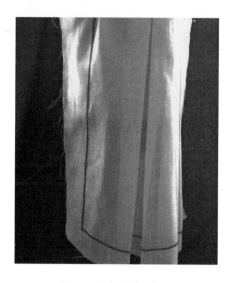

图4-9　标记侧缝和裙摆

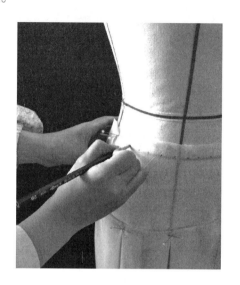

图4-10　点影、作标记

5. 划线、整理、别样、检验

（1）将裙裥裙从人台上取下，卸去大头针，将点影画顺，如图4-11所示。

（2）修剪腰口，留1cm的缝份，前后侧缝留2cm的缝份以方便后面的修正，将育克按净缝抠进并与裙体别合，再将后片侧缝缝份抠进与前片侧缝别合。如图4-12所示。

图4-11　画顺点影位置

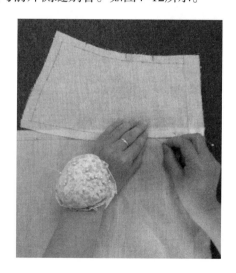

图4-12　别合育克裙体

（3）把别合后的裙片固定在人台上。审视、检验。丝缕是否顺直，臀围线是否对齐，褶裥的大小、位置是否准确，腹部是否自然、饱满、美观，对不理想的地方作出修正，如图4-13所示。

（4）修正后的平面样板如图4-14所示。

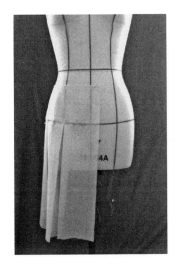 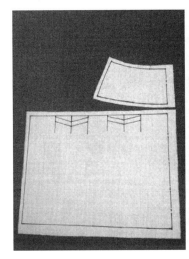 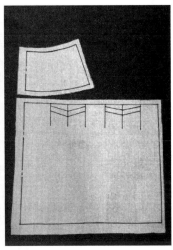

图4-13　检验成品效果　　　　　　　　　　　　图4-14　平面样板

6. 褶裥裙坯布样衣立体效果展示

如图4-15所示。

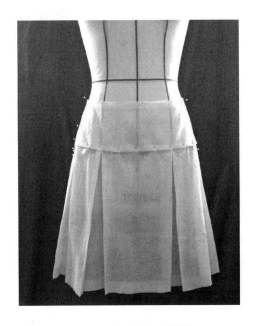

图4-15　褶裥裙坯布样品

拓展与练习

　　百褶裙也是比较常见的半截裙款式，请同学们根据今天学习的内容，尝试完成育克式百褶裙的立体裁剪。

主题二　波浪裙的立体裁剪

　　主题任务：本课任务要求学生能够了解波浪裙的操作步骤，完成波浪裙的立体裁剪。

　　材料准备：白坯布、人台、剪刀、直尺、曲线板、大头针等。

一、款式结构分析

　　本款波浪裙外形设计为：有腰头，腰部无省，裙身由前后两片组成，拉链装于右侧。整个裙体呈自然波浪展开。整体造型流动感强，是比较经典的女裙款式，如图4-16所示。

图4-16　波浪裙

二、坯布的准备

1. 采样

（1）确定布样的长度：裙长+30cm。

（2）确定布样的宽度：模型臀围/4+预留波浪量。

2.熨烫

熨烫，并且纠正丝缕。

3.画样

画样，如图4-17所示。

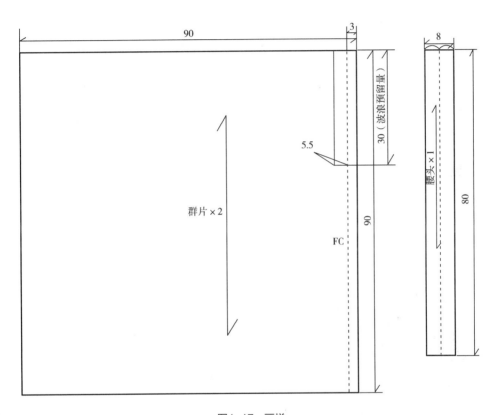

图4-17　画样

三、立裁操作步骤与方法

1.前裙片的立体裁剪

（1）用标记带在腰围线上粘贴出波浪的位置，如图4-18所示。

（2）将前裙片坯布的前中心线与人台的前中心对齐，上下用双针固定。如图4-19所示。

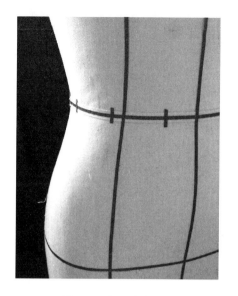

图4-18　标记波浪位置

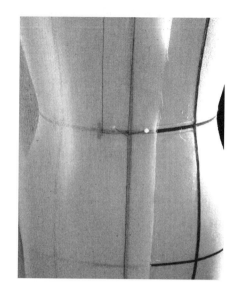

图4-19　固定前中心线

（3）沿腰口剪开，剪到第一个波浪的位置处向下做一个剪口，如图4-20所示。

（4）固定剪口位置，右手沿剪口方向顺势向下捏住下摆往外拉，左手向下推，直到拉出合适的波浪量，第一个波浪就完成了，如图4-21所示。

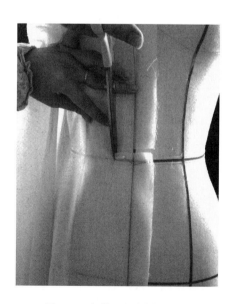

图4-20　在第一个波浪处打剪口

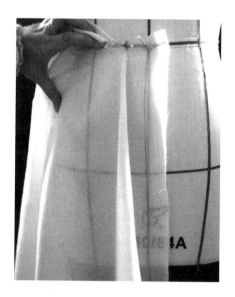

图4-21　拉出波浪量

（5）沿腰口继续向左剪至第二个波浪处，做剪口，拉出的波浪与第一个波浪相同，如图4-22所示。

图4-22　做剪口

（6）调整两个波浪的形态、位置、大小，接着做出第三个波浪，如图4-23所示。

（7）用标记带贴出侧缝线和底边线，如图4-24所示。

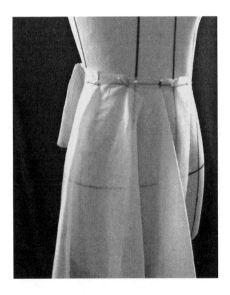 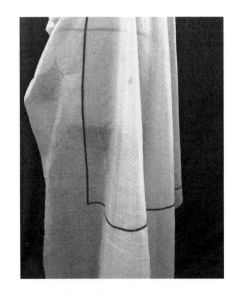

图4-23　做波浪　　　　　　　　　　图4-24　用标记带贴侧缝线、底边线

2. 后裙的立体裁剪

后裙的立体裁剪操作步骤与前片相同。

3. 点影、作标记

沿腰口部分进行点影，如图4-25所示。

4.划线、整理、别样、检验

（1）将波浪裙从人台取下，卸去大头针，将点影画顺，如图4-26所示。

（2）修剪腰口，留1cm的缝份，前后侧缝留2cm的缝份方便后面的修正，将后片侧缝缝份抠进与前片侧缝别合，如图4-27所示。

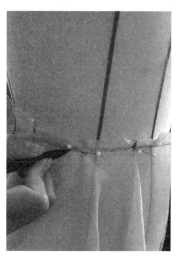
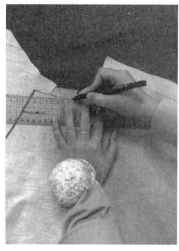

图4-25　点影　　　　　　　　　图4-26　画顺点影线　　　　　　　　图4-27　别合侧缝

（3）把别合后的裙片固定在人台上。审视、检验。丝缕是否顺直，波浪的大小、位置是否准确，对不理想的地方做出修正，如图4-28所示。

（4）修正后的平面样板如图4-29所示。

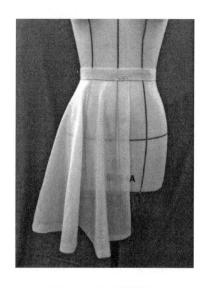
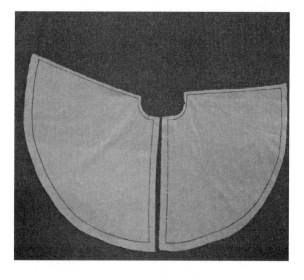

图4-28　检验成品效果　　　　　　　　　　　图4-29　平面样板

5. 波浪裙装坯布样衣立体效果展示

如图4-30所示。

图4-30　波浪裙坯布样品

拓展与练习

育克和波浪造型可以结合到一起吗？请同学们自行设计一款带育克的波浪裙，并尝试完成该款的立体裁剪。

项目五　连衣裙的立体裁剪

主题一　剪接式连衣裙的立体裁剪

主题任务：本课任务要求学生能够了解剪接式连衣裙的操作步骤，完成该款连衣裙的立体裁剪。

材料准备：白坯布、人台、剪刀、直尺、曲线板、大头针等。

一、款式结构分析

剪接式连衣裙分为上衣部分和裙体部分。本款连衣裙上衣正面为褶裥交叉型式样，背面设置两个腰省，裙体腰部左右各设置两个褶裥，前后片相同。拉链设置在右侧。整体造型端庄大方，适合多种场合穿着，如图5-1所示。

图5-1　剪接式连衣裙

二、坯布的准备

1. 采样

（1）确定上衣布样的长度：上衣长度加放10~15cm。

宽度：模型胸围/2加放20~25cm。

（2）确定裙体布样的长度：裙长加放6~8cm。

宽度：模型臀围/2加放10~15cm。

2. 熨烫

熨烫，并且纠正丝缕。

3. 画样

画样，如图5-2所示。

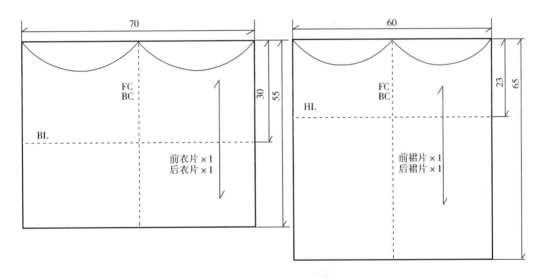

图5-2　画样

三、立裁操作步骤与方法

1. 上衣前片的立体裁剪

（1）用标记带粘贴出交叉褶裥的造型、领圈、袖窿的位置，如图5-3所示。

（2）将前片坯布的前中心线和胸围线与人台的前中心线和胸围线对齐，在前颈点下方和胸围线处用双针固定，如图5-4所示。

（3）先将左边第一个褶裥沿标记带的位置折起，褶裥量约5cm，如图5-5所示。

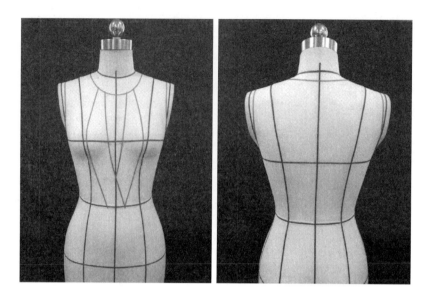

图5-3　粘贴标记带位置

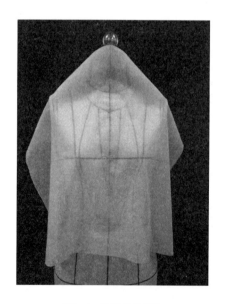

图5-4　固定前片坯布

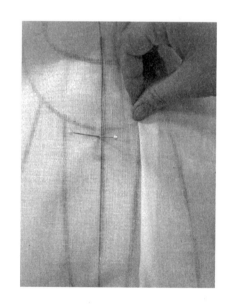

图5-5　折叠褶裥

（4）顺势向下，将腰围处左边第一个褶裥也沿标记带折起，褶裥量约为8cm，如图5-6所示。

（5）折叠之后第一个褶裥效果，如图5-7所示。

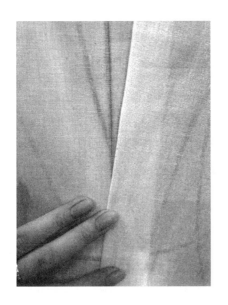 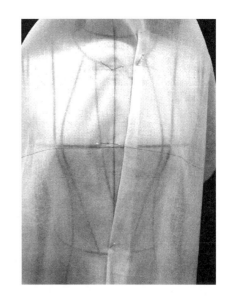

图5-6　折叠腰围处褶裥　　　　　　　　　　图5-7　第一个褶裥效果

（6）按照第一个褶裥的折叠方法，把左边第二个褶裥折好，折叠后效果如图5-8所示。

（7）按照左边的折叠方法折叠右边第一个褶裥，腰部的褶裥盖住左边第一个腰部褶裥并且与第二个褶裥相交于一点。注意折叠褶裥时侧缝要留足余量，如图5-9所示。

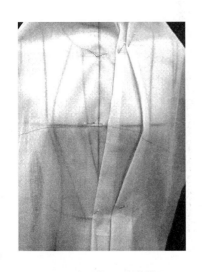 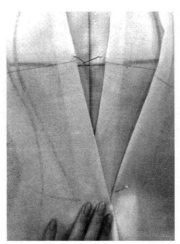 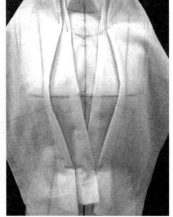

图5-8　左边第二个褶裥效果　　　　　　　　图5-9　折叠第二个褶裥

（8）在腰部打剪口，将腰部余量拉至侧缝，在侧缝胸围线处加放1cm的松量，顺势向下，在侧缝腰部也加放1cm的松量，如图5-10所示。

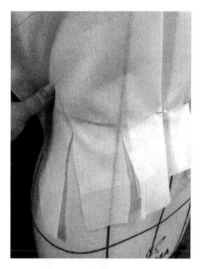
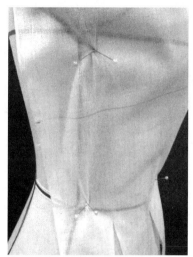

图5-10　在侧缝处加放松量

（9）修剪领围、肩部以及侧缝，领围和肩部留1.5cm的缝份，侧缝留2cm的缝份，为后面的修改留下余地，如图5-11~图5-13所示。

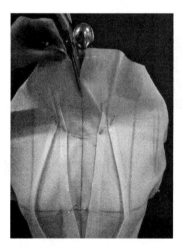
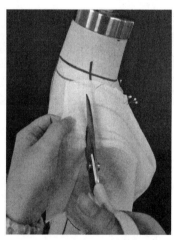
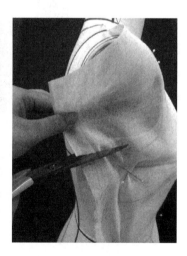

图5-11　修剪领圈　　　　　　　图5-12　修剪肩部　　　　　　　图5-13　修剪侧缝

2. 上衣后片的立体裁剪

（1）将后片坯布的后中心线和胸围线与人台的后中心线和胸围线对齐，在后颈点下方和腰围线处用双针固定。由于后片是左右对称，所以只需完成右片即可，如图5-14所示。

（2）将肩部布料推平，修剪领圈，用抓别法捏合前后肩部，修剪多余的布料，留1.5cm缝份，如图5-15、图5-16所示。

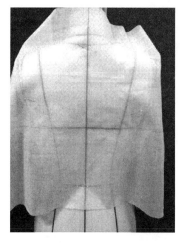

图5-14　固定后片坯布

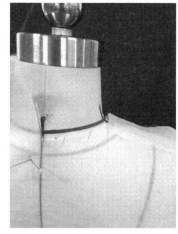

图5-15　修剪领圈

图5-16　修剪肩部

（3）在侧缝胸围处加放1cm的松量，顺势向下，腰围也加放1cm的松量，如图5-17所示。

（4）将前后片的侧缝用抓别法进行别合，修剪侧缝，如图5-18、图5-19所示。

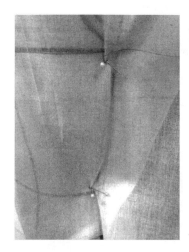

图5-17　侧缝处加松量

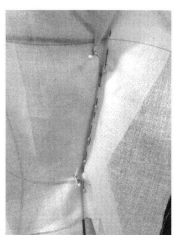

图5-18　别合侧缝

图5-19　修剪侧缝

（5）在公主线处用抓别法进行捏合腰省，修剪腰围，如图5-20、图5-21所示。

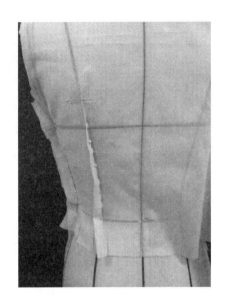
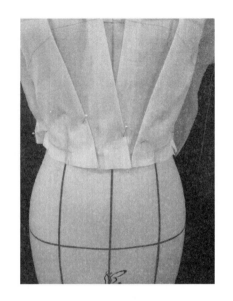

图5-20　别合腰省　　　　　　　　　　　　　图5-21　修剪腰围

3. 裙片的立体裁剪

（1）将裙前片的臀围线和人台的臀围线对齐，上下用双针固定，如图5-22所示。

（2）在侧缝腰围处留出3cm的缝份，臀围处留出2cm的缝份，用大头针固定侧缝，如图5-23所示。

（3）在腰围处加放1cm的松量，如图5-24所示。

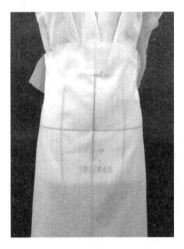
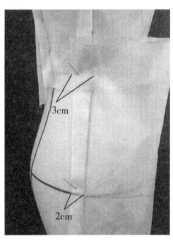
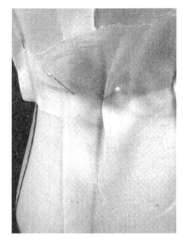

图5-22　固定裙前片　　　　图5-23　固定裙侧缝　　　　图5-24　腰围处加松量

（4）将腰部的余量平均分为两个省，第一个省设置在公主线上，第二个省距离第一个省4.5cm，如图5-25所示。

（5）后片的操作步骤和前片相同，第一个褶裥也是设置在公主线上，两者相距4.5cm，如图5-26所示。

（6）用抓别法别合前后侧缝，如图5-27所示。

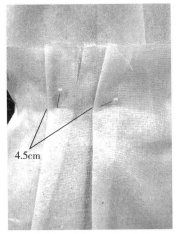
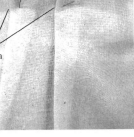

| 图5-25　设置腰省 | 图5-26　设置后片褶裥 | 图5-27　别合前后侧缝 |

4. 点影、作标记

沿人台标记线在布样上进行点影，在褶裥的端点作"十字"标记，如图5-28所示。

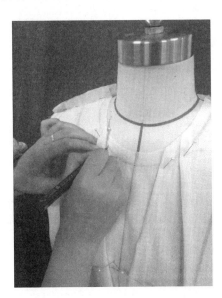
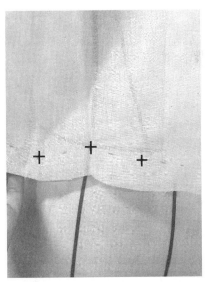

图5-28　点影、作标记

5. 划线、整理、别样、检验

（1）将连衣裙从人台上取下，卸去大头针，将点影画顺，如图5-29所示。

（2）画顺裙侧缝线，臀围处已有2cm的缝份，下摆侧缝处加放1cm的缝份，使裙体下摆微微张开，裙底部加放3cm缝份。连接臀围和底边，再画顺底边线，如图5-30所示。

（3）把衣片的褶裥以及后片的省道别合。别合的效果如图5-31~图5-33所示。

图5-29　画顺点影

图5-30　画顺底边

图5-31　别合褶裥

图5-32　别合省道

图5-33　别合裙褶裥

（4）将连衣裙前衣片和前裙片别合，后衣片与后裙片别合，如图5-34、图5-35所示。

（5）将后肩缝份抠进，别合前后肩缝。

（6）由于拉链开口在右侧，把连衣裙左侧的前后侧缝别合，如图5-36所示。

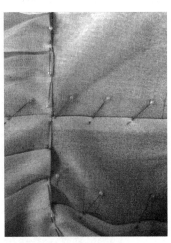

图5-34　别合前衣片、前裙片　　　　图5-35　别合后衣片、后裙片　　　　图5-36　别合侧缝

（7）把别合后的连衣裙套在人台上，别合右侧缝。审视、检验丝缕是否顺直，中心线、胸围线和臀围线是否对齐，褶裥的大小、位置是否准确，对不理想的地方作出修正。如图5-37、图5-38所示。

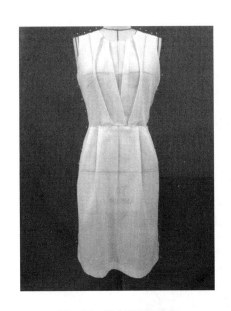

图5-37　别合后正面效果　　　　　　　　图5-38　别合后背面效果

6. 样板制作

调整、修正，完成平面样板，如图5-39、图5-40所示。

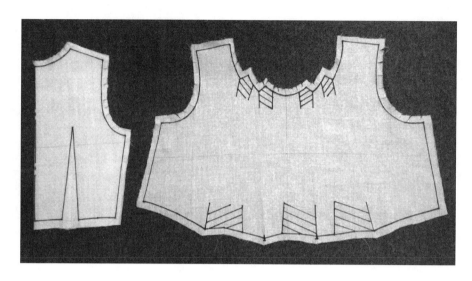

图5-39　上衣前后片样板

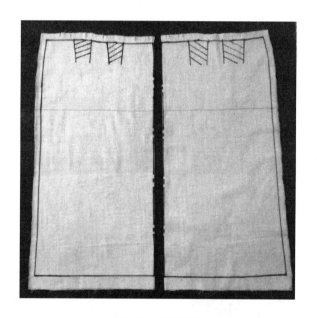

图5-40　裙片样板

拓展与练习

　　裙体部分还可以做成其他款式吗？请同学们根据今天学习的内容，自行设计裙体的款式并尝试完成该款连衣裙的立体裁剪。

主题二　旗袍的立体裁剪

主题任务：本课任务要求学生能够了解旗袍的立体裁剪操作步骤，完成旗袍的立体裁剪。

材料准备：白坯布、人台、剪刀、直尺、曲线板、大头针等。

一、款式结构分析

旗袍是中国女性的传统服装，被誉为中国国粹和女性国服。旗袍的款式变化丰富，本款旗袍为经典的旗袍款式，立领，斜襟，无袖，左右各收一个腋下省和一个腰省，臀围线以下有开衩，后中装拉链。整体造型端庄大方，既适合正式场合穿着，也适合日常穿着，如图5-41所示。

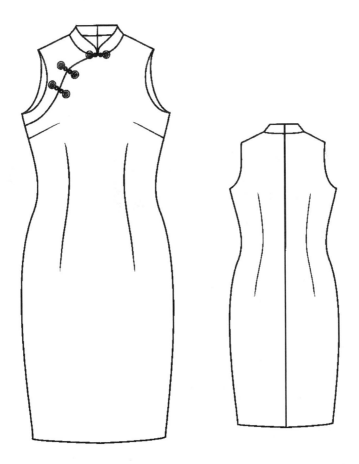

图5-41　旗袍

二、坯布的准备

1.采样

（1）确定前片布样的长度：衣长加放10cm。

宽度：模型胸围/2加放10~15cm。

（2）确定后片布样的长度：衣长加放10cm。

宽度：模型胸围/4加放10~15cm。

2.熨烫

熨烫，并且纠正丝缕。

3.画样

画样，如图5-42所示。

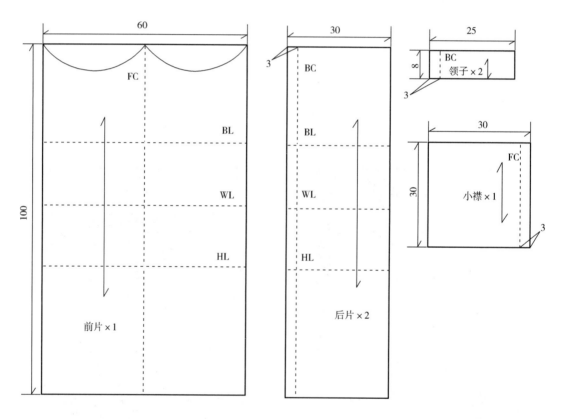

图5-42　画样

三、立裁操作步骤与方法

1.前片的立体裁剪

（1）用标记带粘贴出领圈以及斜襟的造型，如图5-43所示。

（2）将小襟坯布的前中心线与人台的前中心线对齐。抚推面料，使面料贴合人台，修剪领圈、袖窿以及小襟弧线。如图5-44、图5-45所示。

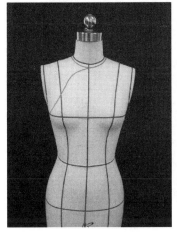

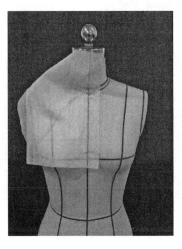
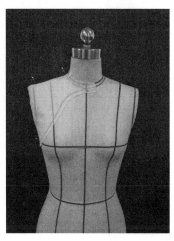

图5-43　粘贴标记带位置　　　　图5-44　对齐坯布与人台前中心线　　　　图5-45　修剪领圈小襟弧线

（3）在侧缝加放1cm的松量，如图5-46所示。

（4）沿小襟造型线进行点影，如图5-47所示。

（5）将前片坯布的前中心线、胸围线、腰围线以及臀围线分别和人台的基准线对齐，在前颈点下方、腰围线、臀围线处用双针固定，固定两侧BP点，如图5-48所示。

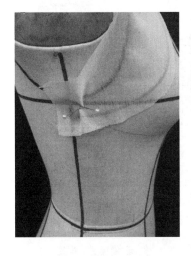
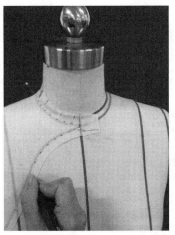
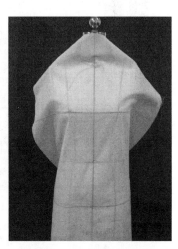

图5-46　在侧缝加放松量　　　　　　图5-47　点影　　　　　　图5-48　固定前片坯布

（6）抚平面料，将胸部余量推至腋下，修剪出斜襟造型，如图5-49所示。

（7）修剪领圈和袖窿，将腋下余量和腰部余量用抓别法捏合，省尖距离BP点2cm，如

图5-50所示。

（8）在侧缝、腰围以及臀围处各加放1cm的松量，如图5-51所示。

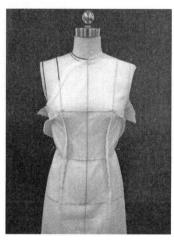
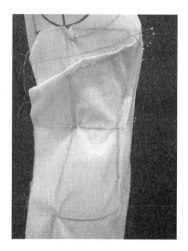

图5-49　修剪出斜襟造型　　　　　图5-50　修剪领圈和袖隆　　　　　图5-51　增加松量

2. 后衣片的立体裁剪

（1）由于后片是左右对称，所以只需完成右片即可。将后片坯布的后中心线、胸围线、腰围线和臀围线分别与人台的基准线对齐，在后颈点下方、腰围以及臀围处用双针固定。将后中心线向外拉出1cm作为后中腰省量，如图5-52所示。

（2）将肩部布料推平，修剪领圈，如图5-53所示。

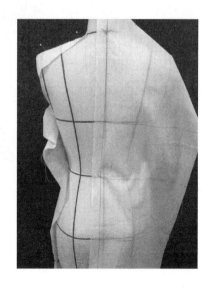
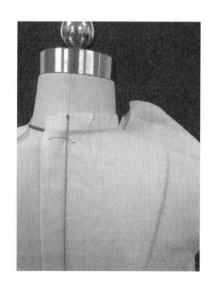

图5-52　固定后片　　　　　　　　　图5-53　修剪领圈

（3）将腰部余量用抓别法捏合，在侧缝胸围、腰围、臀围处各加1cm的松量，如图5-54所示。

（4）用标记带粘贴出后衣片腰围线以下的侧缝造型线，如图5-55所示。

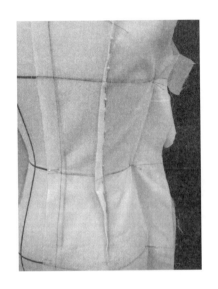

图5-54　在侧缝处增加松量

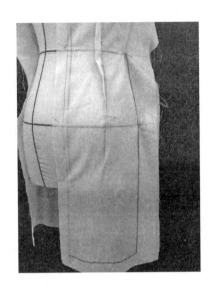

图5-55　标记侧缝造型线

（5）用标记带粘贴出前衣片腰围线以下的侧缝造型线，如图5-56所示。接下来把前后侧缝用抓别法别合，如图5-57所示。

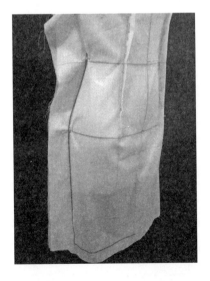

图5-56　标记前片侧缝造型线

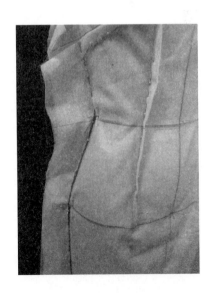

图5-57　别合侧缝

3. 领子的立体裁剪

（1）将领子坯布的后中心线与人台的基准线对齐，在距离坯布底部1cm的部位与衣片别合。平行别合至5cm左右，如图5-58所示。

（2）根据领圈以及颈部造型适当剪一些剪口，使领子贴合与人台颈部。直至前颈点下方，用大头针固定，如图5-59所示。

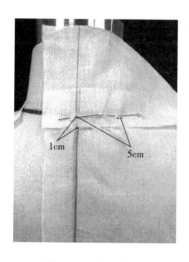
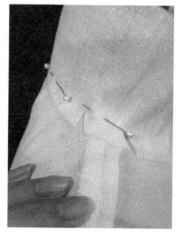

图5-58　别合领坯布　　　　　图5-59　固定领片

（3）用标记带粘贴出领子的造型，如图5-60所示。

4. 点影、作标记

沿人台标记线在布样上进行点影，如图5-61所示。

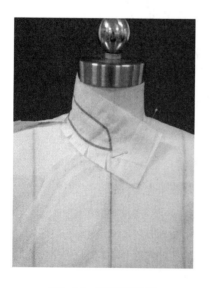
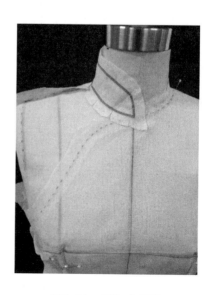

图5-60　标记领子造型　　　　　图5-61　点影、作标记

5.划线、整理、别样、检验

（1）将旗袍从人台上取下，卸去大头针，将点影画顺，如图5-62所示。

（2）因该款式无袖造型，可将袖窿底部适当抬高一定的量，本款抬高1cm，如图5-63所示。

图5-62　画顺点影

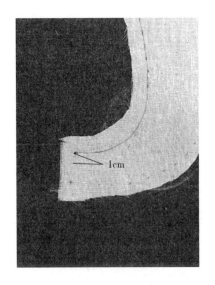

图5-63　袖窿底部抬高1cm

（3）把前后衣片的省道别合，如图5-64所示。

（4）将小襟与衣片别合，前后片完成的效果如图5-65、图5-66所示。

（5）别合前后侧缝，如图5-67所示。

图5-64　别合省道

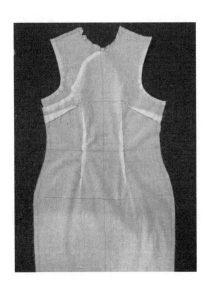

图5-65　前片完成效果

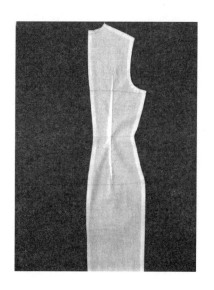

图5-66　后片完成效果

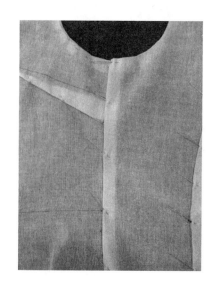

图5-67　别合前后侧缝

（6）把别合后的旗袍套在人台上，再别合后中缝。审视、检验丝缕是否顺直，中心线、胸围线和臀围线是否对齐，省的大小、位置是否准确，对不理想的地方作出修正，如图5-68、图5-69所示。

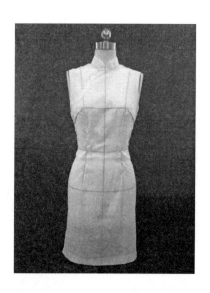

图5-68　正面效果

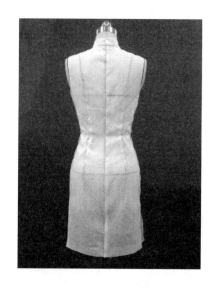

图5-69　反面效果

6. 样板制作

调整、修正，完成平面样板，如图5-70、图5-71所示。

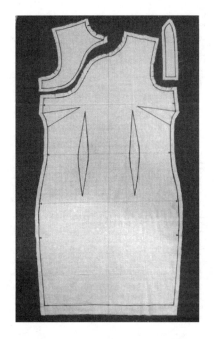 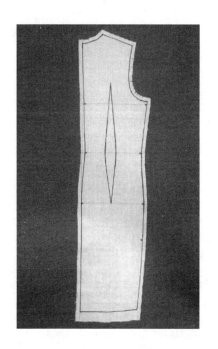

图5-70　小襟、前片、领子样板　　　　　　　图5-71　后片样板

拓展与练习

　　旗袍款式花样繁多，请同学们根据今天学习的内容，自行设计一款旗袍并尝试完成该款旗袍的立体裁剪。

项目六　礼服的立体裁剪

主题一　无肩带女装晚礼服的立体裁剪

主题任务： 本课任务要求学生能够了解礼服的制作原理和方法，完成该款晚礼服的立体裁剪。

材料准备： 白坯布、人台、剪刀、直尺、曲线板、大头针等。

一、款式结构分析

礼服，是指在某些重大场合参与者所穿着的庄重而且正式的服装。礼服的款式变化丰富。本款礼服为抹胸式长礼服，上半身紧身合体，下半身分别为紧身皱褶短裙和外放式A型大摆裙组成。前片胸部紧贴，胸线处四层嵌条，胸下弧形分割，正中为"n"型分割，分割内皱褶与短裙为一片，两侧为镂空处理；后片为公主线分割。整体造型潇洒大方，尽显女性风韵，适合在晚间正式聚会、仪式、典礼上穿着，如图6-1所示。

图6-1　晚礼服

二、立裁操作步骤与方法

1. 贴款式标记带

根据款式，在人台上用标记带粘贴出礼服前后片的分割线及造型线，如图6-2所示。

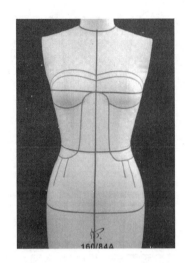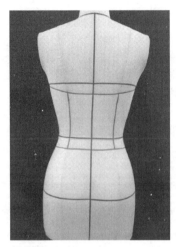

图6-2　贴款式标记带

2. 前片的立体裁剪

（1）将胸部装饰条沿抹胸上方的造型线进行盘放并固定，如图6-3所示。

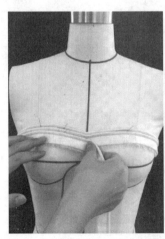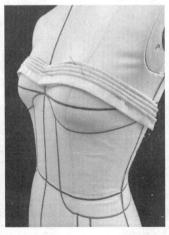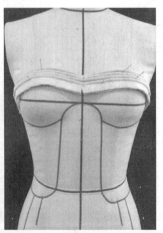

图6-3　固定嵌条

（2）将坯布中心与人台中心对齐，沿中间的"n"型分割，折出规律的褶裥，并延伸至前片裙下摆，用大头针固定，如图6-4所示。

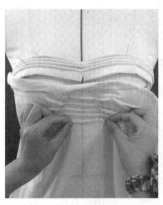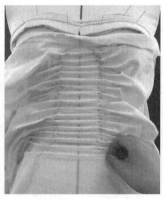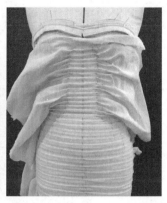

图6-4　固定前片褶裥坯布

（3）修剪里裙侧缝，并依次修剪"n"部位，留1~2cm的缝份，如图6-5所示。修剪后的效果如图6-6所示。

（4）抹胸的立体裁剪。将抹胸坯布的前中心和侧缝固定在人台上，如图6-7所示。调整抹胸下方的余量，沿造型线修剪出抹胸形状，如图6-8所示。

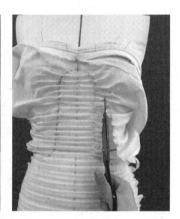

图6-5　修剪侧缝

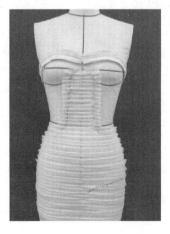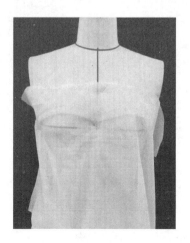

图6-6　修剪后效果　　　　　　　图6-7　固定抹胸坯布

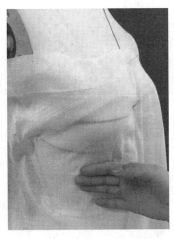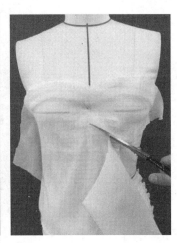

图6-8　修剪抹胸形状

（5）修剪后的抹胸效果如图6-9所示。

（6）前侧片的立体裁剪。将前侧片坯布贴合于人台，抚推平服，用大头针固定在人台上，如图6-10所示。沿标记线修剪四周，如图6-11所示。

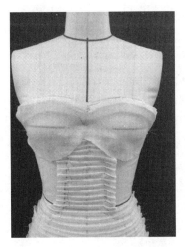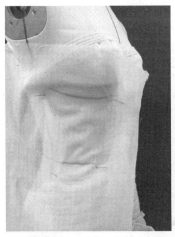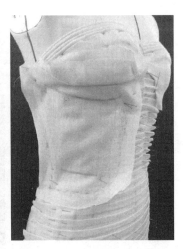

图6-9　抹胸效果　　　　　　　图6-10　固定前侧片　　　　　　图6-11　修剪前侧片

（7）在前侧片内部剪出镂空花型，如图6-12所示。并将带有镂空花型的前侧片与抹胸和中间部分别合，如图6-13所示。

（8）别合后的正面效果如图6-14所示。

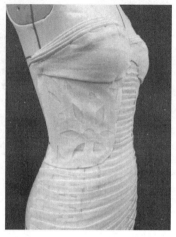

图6-12 剪前侧片镂空花型　　　　图6-13 别合前侧片和抹胸　　　　图6-14 别合后正面效果

3. 后衣片的立体裁剪

（1）将后侧片的坯布贴合于人台，抚推平服，用大头针固定并修剪其轮廓，如图6-15所示。

（2）将后中坯布放置于后侧片中间，抚推平服，沿标记线修剪轮廓，如图6-16所示。

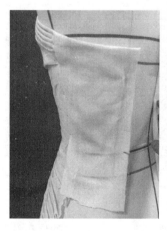
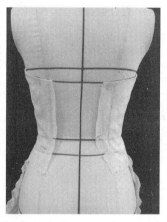

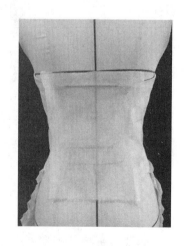

图6-15 固定后侧片　　　　　　　　　　　　图6-16 固定后中坯布

（3）将后中缝份沿净缝抠进，与后侧片别合，如图6-17所示。别合后效果如图6-18所示。

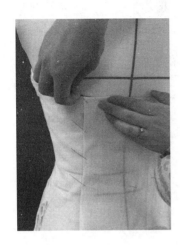

图6-17　与后侧片别合

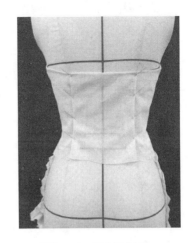

图6-18　别合后效果

（4）制作后裙。后裙的立裁方法和原型裙相同，大家可参照前面原型裙的立体裁剪操作方法，在此不作过多介绍。修剪轮廓结束后，别合裙片左右省道，如图6-19所示。别合后的整体效果如图6-20所示。

图6-19　别合裙片省道

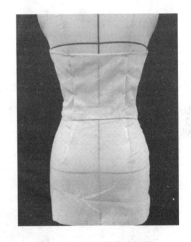

图6-20　别合后整体效果

4. 裙的立体裁剪

（1）将外裙前片坯布按斜丝固定于人台右侧，并且折叠出两个褶裥，如图6-21所示。

（2）修剪外裙的轮廓，如图6-22所示。

（3）制作后裙片。将外裙后片坯布以斜丝固定于人台后中心，如图6-23所示。修剪腰口，留出适量缝份，如图6-24所示。

图6-21 固定外裙前片

图6-22 修剪外裙轮廓

图6-23 固定外裙后片

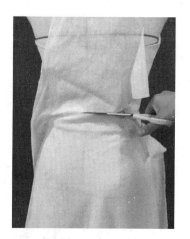

图6-24 修剪腰口

（4）修剪裙子的侧缝，并将前后侧缝进行别合，如图6-25所示。

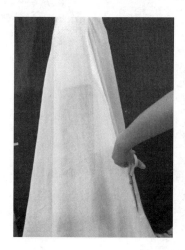

图6-25 别合前后侧缝

5. 成品展示

完成后的礼服效果，如图6-26、图6-27所示。

图6-26　正面效果

图6-27　背面效果

拓展与练习

1. 思考立体裁剪在礼服设计中有哪些优势？

2. 设计一款礼服，并用立裁的方法制作完成。

主题二　时装大师女装晚礼服赏析

范思哲礼服，如图6-28~图6-35所示。

图6-28

图6-29

图6-30

图6-31

图6-32

图6-33

图6-34

图6-35

香奈尔礼服，如图6-36~图6-38所示。

图6-36

图6-37

图6-38

郭培礼服，如图6-39~图6-43所示。

图6-39

图6-40

图6-41

图6-42

图6-43

参考文献

［1］张祖芳. 服装立体裁剪［M］. 上海：上海人民美术出版社，2007.

［2］张凤兰. 服装立体造型［M］. 北京：机械工业出版社，2013.

［3］王善珏. 服装立体裁剪［M］. 上海：上海文化出版社，2012.

［4］魏静. 立体裁剪与制板实训［M］. 北京：高等教育出版社，2008.